本书由"中国海洋大学教材建设基金"资助出版

国家精品课程配套教材

贝类增养殖学实验指导

于瑞海　主编

科学出版社

北　京

内 容 简 介

　　本书主要介绍了贝类增养殖学的研究方法和生产技术,是编者团队 30 多年教学经验、生产经验和研究成果的系统整理与总结。本书包括基础性实验、综合性实验、研究性实验三部分。基础性实验部分以 7 种常见养殖贝类为代表,介绍了腹足纲、瓣鳃纲和头足纲贝类的外部形态和内部解剖构造;综合性实验部分介绍了贝类分类现状,并辅以 182 种常见贝类的形态特征描述和高清彩色图片;研究性实验部分则安排了贝类生物学及苗种繁育技术相关的 15 组实验,使整体内容更加丰富、充实。本书原创性强,内容翔实,有效地填充了国内贝类增养殖学实验教材的空缺。

　　本书适合作为高等院校水产养殖类专业的教材,也可作为贝类增养殖科技工作者的参考书。

图书在版编目(CIP)数据

贝类增养殖学实验指导/于瑞海主编. —北京:科学出版社,2018.4
国家精品课程配套教材
ISBN 978-7-03-057010-9

Ⅰ.①贝… Ⅱ.①于… Ⅲ.①贝类养殖–高等学校–教材 Ⅳ.①S968.3

中国版本图书馆 CIP 数据核字(2018)第 054624 号

责任编辑:王玉时 / 责任校对:王晓茜
责任印制:张 伟 / 封面设计:铭轩堂

科学出版社 出版
北京东黄城根北街 16 号
邮政编码:100717
http://www.sciencep.com
北京中石油彩色印刷有限责任公司 印刷
科学出版社发行 各地新华书店经销

*

2018 年 4 月第 一 版 开本:787×1092 1/16
2022 年 8 月第四次印刷 印张:12
字数:307 000
定价:39.00 元
(如有印装质量问题,我社负责调换)

《贝类增养殖学实验指导》编写人员

主　编：于瑞海

编　委：（按姓氏笔画排序）

于瑞海　马培振　王如才

王昭萍　李　琪　郑小东

前　言

　　贝类增养殖学是研究贝类增养殖的生物学原理和生产技术的一门应用学科,是一门实践性很强的学科。贝类增养殖学实验主要是让学生了解和掌握贝类增养殖学研究的基本方法和生产技术。本书编者在中国海洋大学从事贝类学和贝类增养殖学实验教学 30 多年,并在海洋贝类增养殖教学和研究中积累了较丰富的实践经验。编者结合贝类学、贝类增养殖学的发展趋势和新课程体系改革的需要,并结合当前生产和科研工作的需求,着重于对学生动手能力、思维能力和创造能力的培养而编写了本书。

　　本书是编者以《贝类学与贝类增养殖学实验指导》讲义和《贝类增养殖学实验与实习技术》为基础,经过 30 多年的使用和修订,及时补充吸收国内外的新技术、新成果,并参阅相关资料编写而成的。全书共分三章,第一章是基础性实验部分,以我国贝类主要养殖品种的外部形态和内部解剖实验为主;第二章是综合性实验部分,以我国经济贝类的分类为主;第三章是研究性实验部分,以与贝类增养殖相关的生物学及育苗、育种、养殖新技术为主。本书以提高学生的实践能力和创新能力为目的,着重培养学生分析问题和解决实际生产问题的能力。

　　近些年的教学实践证明,新课程的改革增大了学生的信息量,开阔了学生的视野,增强了学生的学习兴趣,提高了学生对水产专业的喜爱程度,培养了学生分析问题和解决问题的综合能力,提升了学生独立思考、勇于创新的研究设计能力和水平。

　　由于编者水平和时间有限,书中不足之处在所难免,敬请读者批评指正。

编　者

2018 年 3 月

目　录

贝类增养殖学实验须知

实验者必须认真阅读实验须知,详细了解实验前后及实验过程中的知识原理和应遵守的规则。现简要说明如下。

一、实验目的

实验是课程讲授的一部分,其目的是配合课堂理论知识讲授,使学习者通过实验操作,对该课程及其一般理论有进一步的了解。而本实验课程的开设,使学习者能够掌握各纲贝类的基本形态、构造,熟知常见经济贝类,并能独立地进行贝类的分类。同时学会人工育苗技术,掌握贝类食性、生长繁殖规律、底质分析方法等,逐渐掌握贝类科学实验技术,并获得独立工作的能力。

二、实验过程中应注意的问题

实验用的材料应注意其性质,如果是活的,应保持其鲜活状态(实验前);如果是浸制标本,则应先用清水冲洗,以避免药品刺激,进而影响实验。在冲洗时,水流不可过急,以免损坏材料的内外器官。贝类的标本是从全国各地采集来的,有的标本稀少而难采,有的壳质薄脆,故观察、使用标本时要耐心、小心,避免损坏。

使用实验仪器、材料时要爱护。如有浪费标本或损坏、丢失仪器等现象,应视情节予以赔偿。

精密贵重仪器每次使用前要登记使用者姓名并做使用记录。随时保持仪器设备的完好与清洁。使用中若发现仪器有异常,要马上停止使用并及时报告指导老师。

贝类增养殖学实验要根据养殖贝类的繁殖生物学及生态习性的特点,做好实验计划,并制订实验实施方案,实验过程中严格按照操作规程去做,做好每一步实验记录,并记录实验现象,然后根据实验结果和现象写出实验报告和研究报告。

实验过程中,禁止吸烟,禁止喧哗,保持安静。

三、实验规则

(1)不迟到,不抄袭,保持安静,保持实验台清洁,物品摆放整齐、有条理。

(2)实验时自觉遵守课堂纪律,严格遵守实验室的各项规章制度和操作规程。独立或分组完成实验操作。

(3)实验态度认真,自己动手操作,如实记录实验数据,按照规范认真书写并按时完成实验报告。

(4)爱护仪器、标本,节约材料及药品,用完仪器必须洗净、擦干。

(5)不得损坏、遗失标本和仪器,如有损坏应及时报告指导教师,以便采取措施,妥善处理。

(6)不得自行拆装仪器,如发现仪器失灵,应及时报告老师,检查并予以处理。

（7）小组间不得相互换用仪器。

（8）将用完的一次性材料（不能再用）弃入废物桶内，避免造成环境污染。

（9）每次实验结束后，轮流打扫卫生，包括擦洗实验台及地板。

（10）将实验室、操作台的电源、水源关掉后，方可离开实验室。

四、实验指导及实验报告

（1）教师在每次实验前仅做扼要说明，故学习者在实验前必须仔细阅读实验指导，结合课堂的理论讲授，了解实验目的和内容要求。

（2）实验应按实验指导进行。

（3）实验报告必须使用学校统一印制的实验报告专用纸。认真填写专业、年级、姓名、学号、实验题目、实验方法，并简单介绍实验目的、实验材料、实验方法。实验报告包括作图和答题两部分，答题字迹要清楚，内容要明晰、有条理，作图要注意以下几点：①一律用 3H 或 4H 铅笔作图；②每图必须注字，图作于报告纸的稍左边，右边留空白注字用，引线应一致；③作图必须注意物体的图形、部位和比例，以求准确，切勿涂色。实验报告及答题纸，一般要求当堂上交，最迟不得延至下次实验开始时。

第一章　贝类增养殖学基础性实验

本章共 7 个实验，通过对经济贝类代表种皱纹盘鲍、脉红螺、栉孔扇贝、太平洋牡蛎、文蛤、缢蛏、金乌贼的形态解剖，掌握其外部形态特征和内部构造特点，熟悉各组织、器官、系统的位置、形态及功能，进一步了解经济贝类各种生活类型的适应性形态特征和内部构造特点，同时注意其体质特征与生活习性、繁殖习性的一致性，为贝类育苗和养殖打下坚实基础。

实验一　皱纹盘鲍的形态观察与内部解剖

一、实验目的

通过对皱纹盘鲍的形态观察与解剖实验，了解腹足类，特别是低等腹足类的形态与构造特征，如鳃 1 对，心耳 1 对，以及由于内脏块的扭转，器官位置发生变化等，为腹足类的分类和皱纹盘鲍的养殖打下基础。

二、实验材料

本实验所用材料为皱纹盘鲍（*Haliotis discus hannai* Ino），其分类地位为

软体动物门（Mollusca）
腹足纲（Gastropoda）
前鳃亚纲（Prosobranchia）
原始腹足目（Archaeogastropoda）
鲍科（Haliotidae）
鲍属（*Haliotis*）

三、实验用具

解剖剪，解剖盘，镊子等。

四、实验内容

（一）外部形态

（1）贝壳：贝壳为耳状，右旋，螺旋部小而低矮，体螺层扁而大，壳口广阔无厣（operculum）。由壳顶向下自第二螺层的中部开始直至体螺层的边缘，有一条由许多突起所形成的螺肋，螺肋最尾端的 4 或 5 个突起贯穿成孔，为废水、粪便及精卵排出体外的孔道。

（2）头部：头部位于足前端的一个大缺刻中，头的前端有 1 对大触角（即第 1 对触角），眼着生于第 2 触角的顶端，在头和触角之间有感觉灵敏的棕色突起的头叶。

头部腹面为富有肌肉可伸缩的吻，吻端为纵裂的口，口的周围为具有多数小突起的唇。

（3）足：位于腹面，发达，蹠面广平，分上足和下足两部分。上足有许多上足小丘和

上足触角；下足呈盘状。其后端的背面为足腺位置。足的背面中央圆柱状的隆起肌肉为右侧壳肌，壳肌的背面与贝壳相连，周缘与外套膜内缘相接。

（4）外套膜：外套膜分左右两叶。

右叶：自内脏圆锥体的锥顶部开始，到内脏螺旋边缘为止，又分成背腹两瓣，形成一个锥体形的外套袋，将内脏圆锥体恰当地套着。

左叶：从右侧壳肌的左缘到足缘，从左肾到最前端，整个部分盖在内脏背面形成一个外套腔，行呼吸作用，又称呼吸腔。腔前端裂缝分左右两半，即外套裂缝。有三个外套触手。腔内有羽状鳃两枚。透过左侧透明的外套膜，可以看到大型的左侧黏液腺。

（5）内脏块：内脏块的主要部分环绕于右侧壳肌的下缘，包括生殖腺、嗉囊、胃、心脏、左肾、右肾。

（二）内部构造

1. 呼吸系统

沿外套膜左侧的裂缝处剪开，露出呼吸腔，鳃 1 对，羽状，附于外套膜上，鳃背面的血管为入鳃血管，腹面的血管为出鳃血管，左鳃右侧的粗管为直肠，直肠两侧的皱褶为黏液腺。

2. 消化系统

由吻部背面剪开皮肤露出口球，在口球的两侧有两团黄色腺，为唾液腺。

剪开吻口，露出口腔。口腔内背面两侧有一对角质颚板，口腔底面为齿舌。

口球末端延长成食道，食道沿身体左侧至右壳肌的后方，通入一宽大的嗉囊，嗉囊经一狭窄的开口与胃相通。胃旁有一胃囊，其位置在内脏块的螺旋部。

胃末端与肠相接，鲍是一种草食性贝类，肠极长，沿右壳肌的左侧向前延伸至近口球处，腹向后方至右壳肌的左后侧再转折向前成为直肠，直肠穿过心室而开口于外套腔。

胃外包有消化腺，呈扁平的块状，其右侧则较尖，突出于右壳肌右侧。

3. 循环系统

心脏位于鳃后方的围心腔中，由一心室及两心耳所构成，心室被直肠穿过，肾位于围心腔两侧。

4. 排泄系统

肾一对，左右各一，左肾小，右肾大，右肾孔与外界相通，起着生殖和排泄的双重作用。

5. 生殖系统

雌雄异体，无第二性征，无交接器和其他附属腺体。生殖季节里，雌雄生殖腺色泽不同，雌呈灰绿色，雄呈乳黄色，可以通过性腺颜色区分雌雄。生殖细胞充满消化腺表面，伸展到右侧壳肌的左缘，精卵成熟后，经肾腔、右肾孔排至呼吸腔，经出水孔排出体外。

6. 神经系统

神经系统较不集中。

1）脑神经节

一对，位于口球前端的两侧，在头叶表皮下面，由带状脑神经连合相连，从脑神经后部分出脑侧神经连索，左右共一对，入侧足神经节。在脑侧神经连索的内腹侧有一条与其平行的脑足神经连索进入侧足神经节的腹面。

2）侧足神经节

位于右侧壳肌前端、内脏囊底中的陷窝中，呈四角形，足神经节在足腹面，与其背侧面的侧神经节相愈合。

3）脏神经环

左侧脏神经索由左侧足神经节背面发出，经过食道腹面，经左侧脏神经连索到腹神经节。

右侧脏神经索由右侧足神经节背面发出，经过食道背面，经右侧脏神经连索到腹神经节。

4）足神经索

自侧足神经节发出，分左右两条向后延伸，贯通整个足。索间有横的足神经连合。足神经节伸出两条平行的足神经索埋于足部的肌肉中，仔细剖开足肌可见到足神经索几乎达足的末端。

5）感觉器官

一般的感觉器官分布在身体的整个表面皮肤上（包括外套膜及其腺体）。足的蹠面、足腺区、鳃叶、外套边缘、头叶、口及口唇的感觉细胞较为丰富。但是更大量的感觉细胞集中于特别的器官中，如头部触角、上足触角、上足乳突、外套触角、嗅检器、眼及平衡器等。

五、作业

绘制皱纹盘鲍的内部构造图。

六、实验附图

皱纹盘鲍去壳后各器官的部位图（背面观）见图 1-1，消化系统背面观见图 1-2，去壳后各器官的部位图（背面观）见图 1-3，外形图见图 1-4，腹面图见图 1-5。

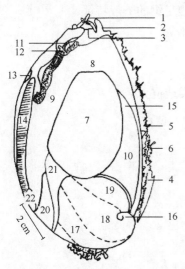

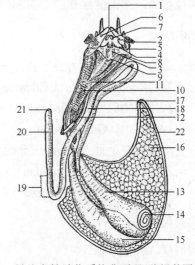

图 1-1 皱纹盘鲍去壳后显示各器官部位图（背面观）
（仿梁羡园，1959）

1. 触角；2. 眼柄；3. 头叶；4. 下足；5. 上足触角；6. 上足小丘；7. 右侧壳肌；8. 外套；9. 外套腔；10. 外套袋；11. 外套裂缝；12. 外套触角；13. 左侧壳肌；14. 左黏液腺；15. 内脏圆锥体；16. 内脏螺旋；17. 胃；18. 嗉囊；19. 消化腺；20. 心脏；21. 右肾；22. 左肾

图 1-2 皱纹盘鲍消化系统背面观（仿梁羡园，1959）

1. 口；2. 颚（右）；3. 齿舌；4. 舌突起；5. 口袋（右）；6. 唾液腺孔（左）；7. 唾液腺（右）；8. 背咽瓣（右半）；9. 腹咽瓣；10. 食道；11. 食道囊（右）；12. 齿舌囊；13. 嗉囊；14. 胃盲管；15. 胃；16. 消化腺；17. 上行肠段；18. 下行肠段；19. 直肠穿入心室的区域；20. 直肠；21. 肛门；22. 生殖腺

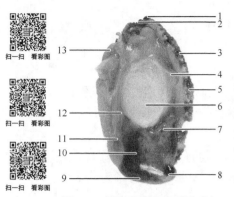

扫一扫　看彩图

扫一扫　看彩图

扫一扫　看彩图

图 1-3　皱纹盘鲍去壳后显示各
器官部位图（背面观）

1. 眼柄；2. 头叶；3. 上足触角；4. 外套；5. 上足小丘；6. 右侧壳肌；7. 消化腺；8. 内脏螺旋；9. 胃；10. 嗉囊；11. 心脏；12. 右肾；13. 左侧壳肌

图 1-4　皱纹盘鲍的外形图

图 1-5　皱纹盘鲍腹面图

实验二　脉红螺的形态观察与内部解剖

一、实验目的

通过实验，掌握脉红螺的形态和构造，并了解腹足纲的一般特征。

二、实验材料

脉红螺的浸制标本、齿舌制片。

脉红螺［*Rapana venosa*（Valenciennes）］的分类地位为

软体动物门（Mollusca）

腹足纲（Gastropoda）

新腹足目（Neogastropoda）

骨螺科（Muricidae）

红螺属（*Rapana*）

三、实验用具

解剖盘，解剖器等。

四、实验内容

（一）外形

壳的构造：脉红螺的壳分为螺旋部和体螺层两部分，螺旋部是螺层有螺旋的部分。每一螺旋称为螺层或壳阶，螺层的数量是种类特征。体螺层是贝壳下面最大、最后的螺层。

螺旋的中轴部分称为螺轴；螺层的开口称为壳口，壳口大，呈卵圆形。各螺层相连接处的沟状界线称为缝合线；和螺旋平行的线纹称为螺纹；与螺纹相交纵走的线纹称为生长线，根据生长线可大体推算出它的年龄；壳面上有显著膨胀的突起称为棘。

壳的外面呈灰白色，内面是粉红色或橘红色。

试将壳口对着观察者，壳顶向上，左手中指和拇指持壳轴的两端，此时它的螺旋为顺时针方向。壳口的左边缘称为内缘或内唇，向外翻出的右侧边缘称为外缘或外唇，外唇上具有螺沟。壳轴的末端有一皱形的小窝，称为假脐。

壳口的前方有一短而弯的深沟，称为前沟，是水管伸出壳外的沟。前沟的对方有一较浅的后沟。废物由此沟排出体外。

思考：如何决定脉红螺的前后、背腹和左右？

壳口上盖着一角质的厣，褐色椭圆形，其上有生长线，附着于足的后部。

软体部：包括头部、足部及内脏部三部分。

头部：位于足部的背面，头部具有下列器官，即触角一对，尖细而基部粗，在每个触角基部外侧有黑色的眼一个。口在头部前端侧面；雄性脉红螺在其头部右侧有一扁形肉柱状的阴茎，阴茎尖端的开口即雄性生殖孔。

足部：在软体部前端腹面。甚宽大，足分前足、中足和后足三部分。后足上部有内脏囊。

内脏部：软体部除了头部和足部之外，其余均属于内脏部，由背面剪开外套膜，可以看见以下几部分。

外套腔：外套膜与软体部之间的空腔。

水管：由外套膜左侧、前部褶形成的沟状物。

鳃：位于外套膜左侧内壁上，鳃轴的一侧密生许多扁平小板状鳃叶，全部鳃呈栉状。

嗅检器：位于鳃的左方（外套膜展开在右方），也紧贴于外套壁上，中央有轴，两侧生有薄片，其上分布有神经。

（二）内部构造

消化系统：用剪刀从二触指间，沿体壁向后剪开，剥去肌肉，然后观察。

口：吻对外的开口，位于头部前端腹面，内通咽。

咽：具有很厚的肌肉壁，内有一隆起的带状物，称为齿舌，由多列角质齿及软骨构成。其齿式为 1·1·1。

食道：为接于口腔后的一个细长的管，分为前食道、嗉囊和后食道三部分。

唾液腺：位于嗉囊附近的两块黄色腺体，其上通出唾液腺管，开口于口腔内。

食道腺：在食道上方由三块叶状组织组成的腺体。

胃：在后食道的后方，呈"U"形，下端接肠。

肝胰脏：为黄绿色腺体，占内脏螺旋的大部。

肠：胃的后方为肠，由身体后方折向前方为直肠。直肠沿外套膜向前至外套膜边缘，开口为肛门。在直肠旁有一绿色直肠腺（肛门腺）。

心脏：有心室一个，心耳一个，心室略呈三角形，大于心耳面壁厚。由心室通出一条较粗的大动脉，由大动脉又分为前后两支，向体前方伸为前大动脉，向后伸者为后大动脉。

排泄系统：肾脏一个，呈囊状位于围心腔右侧，灰褐色。思考：肾脏有无对外的开孔？

生殖系统：脉红螺为雌雄异体，两性异形。

雌性：卵巢位于螺旋内脏囊的后方，与肝胰脏紧连在一起。生殖期为橙色，平时为黄色。输卵管为白色，位于外套腔右侧与直肠平行。其上附有生殖腺。末端开口于肛门附近，即产卵孔。

雄性：精巢位置与卵巢同，呈淡黄色，输精管白色，为卷曲的管。其末端较细而直，开口于阴茎末端，为雄性生殖孔。

五、作业

绘制脉红螺内部解剖图（背面观），并详细注明各部位的名称。

六、实验附图

脉红螺内部解剖图见图1-6，外形图见图1-7，去壳后显示各器官部位图见图1-8。

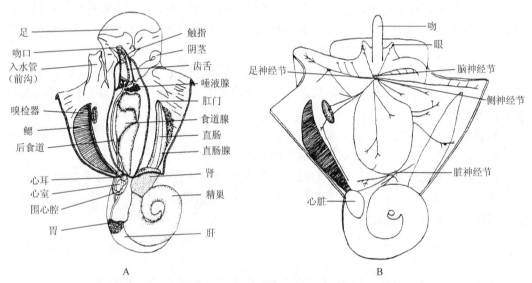

图1-6　脉红螺内部解剖图

A. 软体部；B. 神经系统（B仿李国华等，1990）

扫一扫 看彩图

图1-7　脉红螺外形图

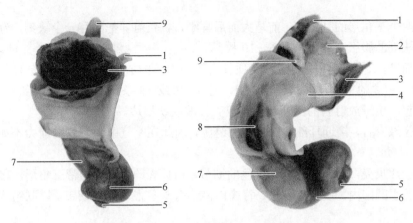

图 1-8　脉红螺去壳后显示各器官部位图

1. 入水管；2. 足；3. 鳃；4. 外套膜；5. 生殖腺；6. 肝胰脏；7. 肾；8. 食道腺；9. 吻

实验三　栉孔扇贝的形态观察与内部解剖

一、实验目的

通过对栉孔扇贝的形态观察和解剖，掌握双壳贝类的一般外部形态、内部构造及其特征，特别是附着性贝类的外部形态和内部构造，为附着性贝类的养殖打下基础。

二、实验材料

本实验所用材料为栉孔扇贝[*Chlamys farreri*（Jones & Preston）]，其分类地位为

软体动物门（Mollusca）

瓣鳃纲（Lamellibranchia）

翼形亚纲（Pteriomorphia）

珍珠贝目（Pterioida）

扇贝总科（Pectinacea）

扇贝科（Pectinidae）

栉孔扇贝属（*Chlamys*）

三、实验用具

解剖剪，解剖盘，镊子等。

四、实验内容

（一）外部形态

1. 贝壳

贝壳呈扇状，两壳大小几乎相等，但左壳较右壳略凸；位于背缘的铰合部平直；壳顶

具有前后两个三角形的耳状部，前耳大而后耳小，右壳前耳基部有一个缺刻，为足丝伸出的孔，在缺刻的腹缘有栉状小齿 6～10 枚。

壳轻而薄，适于开闭游动，由壳顶长出粗细不等的放射肋多条。左壳的主要放射肋10 条左右；右壳的主要放射肋较左壳细，有 17 条或 18 条，放射肋上有小的、不规则的指甲状突起，由于放射肋的凸凹起伏，双壳具波纹状裙边。

两壳腹缘密合，接近耳部的部分留有缝隙，因此在空气中耐干燥的能力不如蛤仔、牡蛎等。

除去一片贝壳，在壳顶处有棕黑色的韧带，司贝壳的张开。韧带三角形，它的两端附着于两壳的小凹陷内。铰合部中央、背缘内侧还有一条很薄的内韧带，以联结双壳。铰合部无齿。

2. 外套痕

外套痕距壳缘相当远，左壳闭壳肌痕较右壳者大，并偏近于壳的腹缘。右闭壳肌痕较小，偏近于铰合部（这是闭壳肌纤维斜行之故）。

3. 闭壳肌

扇贝闭壳肌为单柱型，仅有后闭壳肌，前闭壳肌退化消失。从右侧观察，可见到两部分闭壳肌：位于前背侧的，占肌束大部的黄白色部分为横纹肌，司双壳的迅速闭合；位于后腹侧的，小的肉红色部分为平滑肌，司壳的持久闭合。从左侧观察，在上述两部分肌肉的后背侧面还可以看见一束肌肉，它是唯一的一条收足肌（即后收足肌）。

4. 外套膜

外套膜边缘无愈合着点，甚厚，富有肌肉，可分为三层，外层具有短小触手，中层（与外层分界不明显）的触手较大，并有外套眼，内层最宽，向内转折，形成一圈围屏状。内层在后端接近铰合部的地方愈合为一薄膜。

5. 内脏

背面部分的黑绿色腺体为消化腺，其外包有一层生殖腺。

6. 鳃

鳃位于内脏块与外套膜之间，右侧鳃的前半部附着于闭壳肌的腹面。每个鳃又分成内外两瓣，每个鳃瓣由许多并列的、与鳃轴垂直的鳃丝组成。每侧鳃内外两瓣合起来似"W"形。出入鳃血管均穿行于鳃轴内。

鳃丝的上行支仅达到下垂支高度的 2/3，鳃丝相互之间，以及在鳃丝的上行支与下行支之间无血管相连，故称为假鳃瓣。

7. 腹嵴

左右两鳃之间的斧状部分为腹嵴，其中充满生殖腺，腹嵴背面有短小的圆棒状且退化的足，足的腹面有足丝沟，足丝沟向后方通向足丝孔，足丝由足丝孔生出。腹嵴两侧的一对囊状器官为肾脏。

8. 唇瓣

足的背上方位于鳃轴前端始点处的左右两侧各有一对膜片状的唇瓣，外唇瓣为长方形，内唇瓣为三角形，内外唇瓣相向的一面均具有细致的皱纹。

唇瓣之间具有树枝状突起的器官，由于腹唇与背唇的树枝状突起相互交叉，而将口紧闭，但在口角处仍留有一小孔，与各侧的内外唇瓣之间的沟道相通。

9. 直肠

闭壳肌后面附有一条深褐色的管道，即直肠，其位置稍偏于左方，末端游离。

（二）内部解剖

1. 循环系统

围心腔位于闭壳肌背面，消化腺之后，直肠穿行其间，并穿过心室。剪破围心腔露出心室，心室相当大，位于中央，绕附于直肠上，其壁疏松，如海绵质，心室两侧连着两个形状不规则的心耳，心耳的尖端与出鳃静脉相连，心耳表面凹凸不平，附有围心腔腺，呈棕色。

心室向前分出一支前大动脉，位于消化管的背面，后大动脉由心室后端分出，附着于直肠腹面右侧。

2. 消化系统

口入食道，食道狭细而短，向后背方延伸，进入腹嵴的生殖腺内，此段为下行肠，新鲜标本的此段肠道内面有晶杆，下行肠在将达腹嵴的腹面尖端处，向背面折回，而成为上行肠。上行肠附于闭壳肌上行至消化腺后，又偏向右侧，达消化腺背面时移至中央线后向后弯曲，穿出消化腺成为直肠。直肠穿过围心腔与心室之后沿着闭壳肌后面下垂，末端开口即肛门。

3. 排泄系统

肾脏位于腹嵴两侧。为大的囊状器官，右侧者稍大，肾脏的背端开口于围心腔，其开口极小，切片方能看见，腹端开口于外套腔内，肾孔相当大，呈裂缝状。肾脏在稍近腹端处通出一条血管进入鳃血管。

4. 生殖系统

生殖腺充满腹嵴中，并包于消化腺外面，生殖腺有极细的孔道入肾脏（切片方能看到），为肾生殖孔，将生殖细胞排出体外，生殖腺成熟时，雌性的呈橘红色，雄性的为乳白色，精卵排至体外受精发育。

5. 神经系统

由一对脑神经、一对足神经节和一个相当特化的脏神经节及各种神经节的连接和分支组成。

（1）脏神经节位于闭壳肌的腹面，腹嵴末端与闭壳肌连结点的右侧，它的结构复杂，由中叶和侧叶组成，中叶位置居中，又分为两个前中叶（深黄色）与一个后中叶（淡黄色）。中叶两侧连于两个半圆形的侧叶、脑脏神经节的地方，每侧有一个极小的神经节，球状嗅检神经节上的上皮细胞即特化成嗅检器细胞。

（2）脑神经节、脑脏神经节连结沿腹嵴两侧向背面延伸至口与足之间的皮下接于脑神经节，脑神经节具有一隘部呈腰葫芦状，由隘部两侧分出短的脑足神经连于足神经节。

（3）两个足神经节彼此紧密愈合，由足神经节向后分出一对足神经通入足内。

（4）由脑神经的凹隙处外侧向前分生出 1 对"前外套神经"至食道旁进入消化腺内，又穿出消化腺接近口端的背唇与外唇瓣相连接处进入外套膜。前外套神经边缘处连于"环外套神经"。

（5）紧接于前外套神经的后面分出一对唇瓣神经进入唇瓣。

（6）脑神经节的前端分出脑神经节连结，与前外套神经平行绕行于食道背面。

（7）脑神经节的内侧上有一对极小的神经，位于脑足神经连结之前，连于一对极小的平衡器。

（8）脑神经节在脑神经连结基部两侧分出一对鳃神经（与脑神经连结相垂直）通入鳃。

（9）鳃神经之后"脏外套神经"左右两侧略不对称，右侧的脏外套神经为一条粗大的神经，与鳃神经平行，进入右外套膜后分为多条分支连于环外套神经。左侧的脏神经为数条小神经通入左外套膜之后连于环外套神经。

（10）由脏神经节后端分出一对"后外套神经"，附于闭壳肌腹面。

（11）沿外套膜边缘的一条神经为"环外套神经"，左右两侧的两条神经在铰合部前后端相连，因此构成一个神经环。

五、作业

绘制栉孔扇贝的内部结构图。

六、实验附图

栉孔扇贝内部结构图见图 1-9，去左壳后显示各器官部位图见图 1-10，雌雄贝性腺颜色图见图 1-11。

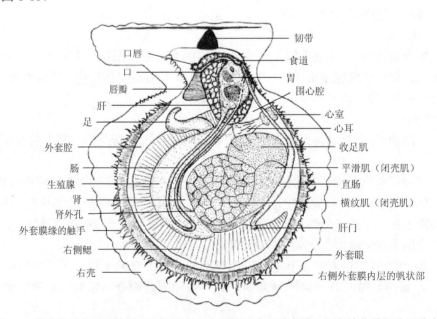

图 1-9　栉孔扇贝内部结构图（左侧面观，左侧的贝壳、外套膜、鳃和消化腺部分已移去）

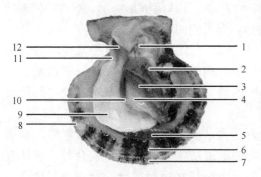
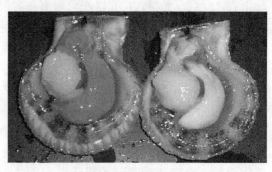

扫一扫　看彩图

扫一扫　看彩图

图 1-10　栉孔扇贝去左壳后显示各器官　　　图 1-11　栉孔扇贝的雌雄贝性腺颜色图（左雌，
　　　　　部位图（雄）　　　　　　　　　　　　　　　右雄）

1. 胃；2. 心脏；3. 左侧鳃；4. 闭壳肌（横肌）；
5. 右侧鳃；6. 帆状部；7. 右壳；8. 外套眼；
9. 生殖腺（精巢）；10. 肾；11. 足；12.唇瓣

实验四　太平洋牡蛎的形态观察与内部解剖

一、实验目的

通过对太平洋牡蛎的形态和解剖观察，掌握固着型贝类的一般外部形态、内部构造及其特征，了解其形态结构，将有助于开展牡蛎多倍体育种和养殖生产。

二、实验材料

本实验所用材料为太平洋牡蛎[*Crassostrea gigas*（Thunberg）]，其分类地位为

软体动物门（Mollusca）

瓣鳃纲（Lamellibranchia）

翼形亚纲（Pteriomorphia）

珍珠贝目（Pterioida）

牡蛎科（Ostreidae）

巨牡蛎属（*Crassostrea*）

三、实验用具

解剖盘，解剖器，开壳工具等。

四、实验内容

（一）外部形态

牡蛎贝壳发达，具有左右两个贝壳，以韧带和闭壳肌等相连，右壳又称上壳；左壳又

称下壳，一般左壳稍大，并以左壳固着在岩礁、竹、木、瓦片等固形物上。固着物的形状和种类的不同，以及固着面的大小不等，常常影响到贝壳的形状。

牡蛎有韧带一端的壳较尖，称为壳顶部位，因为牡蛎的口接近这个部位，故又称为壳前部，相对的一端较圆称为壳后部。前端至后端的最大距离为壳长。靠近鳃的一面称为腹面，相对的一方称为背面。背腹之间的最大距离为壳高，左右两壳之间的最大距离为壳宽。

壳表面、壳顶两侧有较大翼状突起，称为耳突。壳形极不规则，壳表粗糙，具有鳞片和棘刺，且常具有自壳顶向四周辐射排列的放射肋。壳顶内面为铰合部，包括左壳内面的一个三角形陷下的槽和右壳顶内面的一个圆柱状突起的脊。脊与槽相嵌合。槽的基部紧密地附着于黑色或深棕色的韧带，以此连接左右两壳。铰合部两侧有的种类有一列小齿。左侧铰合部的下方有一凹陷，称为前凹陷。在壳内面后背部中央有一个闭壳肌痕。

贝壳长形，壳较薄。壳长为壳高的 3 倍左右。右壳较平，鳞片坚厚，环生鳞片呈波纹状，排列稀疏。放射肋不明显。左壳深陷，鳞片粗大。左壳壳顶固着面小。壳内面白色，壳顶内面有宽大的韧带槽。闭壳肌痕大，外套膜边缘呈黑色。

（二）内部构造

牡蛎前闭壳肌退化，只有一个后闭壳肌。无足。外套膜二孔型，无水管。

1. 外套膜

外套膜包围整个软体的外面，左右两片，相互对称。外套膜的前端彼此相连接并与内脏囊表面的上皮细胞相愈合。

外套膜缘可分为三个部分，第一部分为贝壳突起，它是分泌贝壳的部分；第二部分为感觉突起，位于外套膜边缘的中央，它们对外界刺激非常灵敏，专司感觉作用；第三部分即最内的一部分，称为缘膜突起，缘膜突起可以伸展和收缩，控制进水孔的通道，起着调节水流的作用。

外套膜除了前端愈合外，在后缘也有一点愈合，将整个外套膜的游离部分分为两个区域，即进水孔和出水孔。

2. 呼吸器官

鳃位于鳃腔中，左右各一对，共 4 片。每片鳃瓣均由一排下行鳃和一排上行鳃构成，在下行鳃和上行鳃相接处有一个沟道，用于输送食物，称为食物运送沟。外鳃瓣上行鳃的末端与外套膜内表面相连，前部左右内鳃瓣上行鳃的游离缘与内脏块相连，而后部左右内鳃瓣上行鳃的游离缘互相愈合，这样就形成一个双"W"形，在每个"W"形的中央基部有一条出鳃血管，而在两个"W"形的连结处有一支粗大的入鳃血管，在鳃板中间有起支持作用的鳃杆和将鳃板隔成许多小室的鳃间膜。

鳃由无数的鳃丝相连而成。从鳃的表面观察，可以看到起伏不平呈波纹状的褶皱，每一褶皱一般由 9~12 根鳃丝组成。在褶皱的凹陷中央有一根比较粗的鳃丝，它由两根相当粗的几丁质棒支持着，称为主鳃丝，主鳃丝的两侧为移行鳃丝，再侧面为普通鳃丝，在鳃丝上有前纤毛、侧纤毛、侧前纤毛和上前纤毛 4 种纤毛。

3. 消化器官

包括唇瓣、口、食道、胃、消化盲囊、晶杆囊、肠、直肠和肛门等。

唇瓣位于壳顶附近，鳃的前方，呈三角形，共两对，左右对称，基部彼此相连。位于外侧者为外唇瓣；位于内侧者为内唇瓣。

口位于内外唇瓣基部之间，为一横裂。食道很大，背腹扁平。在短而扁平的食道下方有胃，呈不规则的囊状，四周被棕色的盲囊所包。

胃的背壁有胃楯，呈不规则状。晶杆自晶杆囊中伸入胃中，处于与胃楯相对的位置。

消化盲囊包围在胃的四周，它是由许多一端封闭的细管组成的棕色器官，它具有吸收养料和细胞内消化的作用。

晶杆囊几乎以其全长与肠相连，它们之间以一狭缝相通，整个晶杆囊的外围被肌肉组织所包围。晶杆囊中有一几丁质的棒状体，即晶杆，它的中央核心部是液态，能来回流动，晶杆一般为黄色或棕色，半透明。

肠的中央有一个极大的肠嵴，在肠嵴的中央部凹下形成一个沟道。直肠的肠腔比中肠腔大，肠嵴更明显。

肛门位于闭壳肌背后方，开口于出水腔。

4. 循环器官

牡蛎的循环系统是开放式的，由围心腔、心脏、副心脏、血管和血液等部分组成。

牡蛎的围心腔是闭壳肌前方的一个空腔。腔外由单层细胞构成的围心腔膜包被着，心脏位于围心腔之中，围心腔中没有血窦和血管通入，也没有血液流入，只有一对肾围漏斗与肾脏相通。

围心腔中充满围心腔液，使心脏在围心腔中呈悬浮状态，可以防止心脏在跳动时与周围组织发生摩擦而受伤，还可以保护心脏免受体组织的压挤。

心脏由一个心室和两个心耳构成，大多数牡蛎的心脏都不为直肠穿过。

副心脏在排水孔附近外套膜的内侧，左右各一个。牡蛎的副心脏主要是接受来自排泄器官的血液，然后把它们压送到外套膜中，副心脏有自己的收缩规律，与心脏的搏动无关。

牡蛎血液稍带黄绿色，其中水占 96%，其他化学成分的百分率大体上与其周围生活环境的海水和围心腔液相近似。

牡蛎的血管是开放式的，动脉与静脉之间没有直接的联系，而以血窦相衔接。

动脉：由心室分出前大动脉和后大动脉两条大动脉。前大动脉又分出总外套膜和环外套膜动脉、胃动脉、内脏动脉等动脉分布到各器官上，后大动脉主要分布于后闭壳肌上。

血窦：介于动脉和静脉之间，主要的有三个。①内脏窦，外形规则，位于内脏的内部；②肾窦，它分为两部分，一部分在肾的周围，另一部分在心脏与后闭壳肌之间；③肌肉窦，位于后闭壳肌的腹面。

静脉：血液自血窦开始最后集中入心耳再到心室。属于离心性的静脉有前外套膜静脉、后外套膜静脉、胃静脉、直肠静脉、肾静脉等；属于向心性的静脉有鳃静脉和外套膜的向心静脉。

5. 排泄器官

牡蛎的肾由扩散在身体腹后方的许多小管和肾围漏斗组成，左右各一。

肾围漏斗管一端开口于围心腔靠近心耳基部处；而另一端与大肾管相通，大肾管开口在腹崎末端附近的泌尿生殖裂。

肾的主要部分是由许多肾小管组成的，它们的末端封闭成盲囊。肾小管由方形的细胞组成，具纤毛，细胞质中没有呈结晶状的排泄物存在，肾小管的末端由柱状细胞构成，细胞内有许多颗粒状的细胞质。肾小管可能起主要的排泄作用。

6. 神经系统

牡蛎在幼虫时和其他双壳贝类一样，具有脑、足、脏三对神经节，但在成体时，由于营固着生活，足部退化，足神经节随之退化。

脑神经节位于唇瓣的基部，左右各一，由环绕食道的脑神经节连络神经相连，脑神经节派生出外套膜神经，它通过唇瓣的结缔组织而分布于外套膜，最后与外套膜周缘相连，唇瓣神经也是由脑神经节派生。

脏神经节位于闭壳肌的腹面。左右脏神经节合并为一。由脏神经节派生出的神经共有7对：脑脏连络神经、鳃神经、闭壳肌神经，以及前外套、侧外套、后外套和侧中央外套神经。

牡蛎在成体时的感觉器官有平衡器、腹部感受器和没有分化成特别感觉器官的感觉上皮，在幼虫时还具有眼点，但在成体时消失。

7. 生殖器官

1）生殖器官的形态

在繁殖的季节里可以看到牡蛎内脏囊的周围充满了乳白色的物质，这些丰满的乳白色物质就是生殖腺。

2）生殖器官的构造

牡蛎的生殖器官基本上可分为滤泡、生殖管和生殖输送管三部分。

（1）滤泡：滤泡由生殖管的分支沉没在周围的网状结缔组织内膨大而成。滤泡壁由生殖上皮构成，生殖原细胞可以在这里发育成精母或卵母细胞，最后形成精子或卵子。

（2）生殖管：生殖管分布于内脏囊周围的两侧，呈叶脉状，这些细管也是形成生殖细胞的重要部分。在成熟时，管内充满生殖细胞，依靠管壁内纤毛的摆动将已成熟的生殖细胞输送到生殖输送管中。

（3）生殖输送管：生殖输送管是由许多生殖管汇合而成的粗大导管。管内纤毛丛生，但没有生殖上皮。管外周围有结缔组织和肌肉纤维。生殖输送管在闭壳肌腹面的泌尿生殖裂处开口，起着输送成熟精子或卵子的作用。

五、作业

绘制太平洋牡蛎的内部结构图。

六、实验附图

太平洋牡蛎外形图见图1-12，内部构造示意图见图1-13，内部各器官部位图见图1-14。

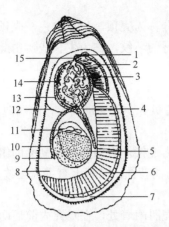

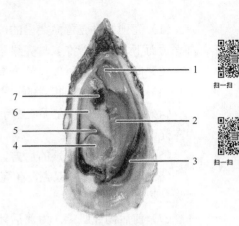

图 1-12　太平洋牡蛎外
　　　　　形图

图 1-13　太平洋牡蛎内部构造示意图

1. 口；2. 唇瓣；3. 胃；4. 晶杆囊；5. 闭壳
肌；6. 鳃；7. 外套膜；8. 鳃上腔；9. 肛门；
10. 直肠；11. 心脏；12. 直肠腺；13. 肠；
14. 消化盲囊；15. 食道

图 1-14　太平洋牡蛎内部各器官
　　　　　部位图

1. 唇瓣；2. 鳃；3. 外套膜；4. 闭壳肌；5. 心
脏；6. 生殖腺；7. 胃

实验五　文蛤的形态观察与内部解剖

一、实验目的

通过对文蛤形态的研究，掌握瓣鳃纲中埋栖性贝类动物的一般特征。

二、实验材料

文蛤[*Meretrix meretrix*（Linnaeus）]浸制标本。

文蛤的分类地位为

软体动物门（Mollusca）

瓣鳃纲（Lamellibranchia）

帘蛤目（Veneroida）

帘蛤科（Veneridae）

文蛤属（*Meretrix*）

三、实验用具

解剖盘，解剖器等。

四、实验内容

（一）外部形态

1. 壳的构造

文蛤的壳略呈三角形，前端圆，后端略突出，壳的表面呈黑褐色而平滑。

（1）壳顶：贝壳背面突出的部分称为壳顶，为灰白色，壳顶下方有褐色的曲线花纹。自壳顶而下，分布着许多与壳缘平行的环纹，称为生长线，由此可以看出壳的生长层次。

（2）前端：壳顶所偏向的一端。

（3）后端：与前端相对的一端。

（4）左壳和右壳：左手或右手持贝壳，使壳顶向上，前端向前时，在人体左边的壳则为左壳。

（5）韧带：位于壳顶的后方，为连接左右两壳的有韧性的组织。

（6）铰合部：打开双壳，在壳内的背面，右壳上有主齿三枚及前侧齿两枚，左壳上有主齿三枚及前侧齿一枚。

（7）前后闭壳肌痕：为前后闭壳肌附着处，在贝壳内前后两个略成圆形的痕迹。

（8）前后收足肌痕：为前后收足肌附着的地方，位于前后闭壳肌痕的上方，较小。

（9）外套线：位于贝壳腹缘，与贝壳边缘平行的线状痕迹。

（10）外套窦：外套线后端的弧形线形痕迹。

打破一壳，看壳的结构，壳由三层组成，最外一层为角质的外壳层（或壳层），甚薄，壳的色彩由此产生；中层为棱柱层，由钙质结晶体组成，是外套膜外缘背面所分泌而成的，此层占壳的大部分；最内层为珍珠层，由外套膜整个表面分泌的叶片状霰石叠成，有光泽，随动物的生长而增加其厚度。

2. 软体部

除去贝壳即可看见软体部分，包于软体部之外的为外套膜，外套膜在身体背面相连，两外套膜之间的腔为外套腔，用剪刀剪去一侧外套膜，可见下列各部。

（1）水管：在身体后端的两个管子，在背面的为出水管，在腹面的为入水管，在水管基部有水管肌。

（2）闭壳肌：在身体前后端各有一个圆柱状肌肉束，在前端者为前闭壳肌，后端者为后闭壳肌，司两壳开关之用。

（3）收足肌：在前后闭壳肌上方，较闭壳肌小，为前后收足肌，司足的收缩之用。

（4）瓣鳃：在身体外套膜内两侧有外鳃和内鳃各一片，瓣鳃一边与外套相连，另一边游离。

（5）唇瓣：在前闭壳肌后口的两侧，有内唇瓣与外唇瓣各两片，注意内外唇瓣构造的不同。

（6）口：位于两内瓣唇之间，为横的裂缝。

（7）足：位于身体腹面，呈斧状，故瓣鳃纲也称为斧足纲。

（二）内部构造

1. 消化系统

剪去一侧的瓣鳃和唇瓣，沿着身体后部仔细剥去体壁和肌肉，可看到以下器官。

（1）口：位于二唇瓣之间的横裂缝。

（2）食道：接于口之后的短管。

（3）胃：为食道后较大的囊，周围有消化腺（肝胰脏）。

（4）小肠：接于胃后，盘旋于内脏块之中。

（5）直肠：接于小肠后，在体背面穿过围心腔及心室。

（6）肛门：直肠后端的开口，位于后闭壳肌的后方，恰好对着出水管。

2. 循环系统

（1）围心腔及围心腔膜：在身体背面铰合部下方有由薄膜构成的围心腔膜，内有一腔，即围心腔。

（2）心室：一个，位于围心腔内的肌肉结构。

（3）心耳：两个，位于心室腹面，半透明，略呈三角形。

（4）前大动脉：由心室向前通出的一条主动脉。

（5）后大动脉：由心室向后通出的一条主动脉，后大动脉在围心腔后部膨大，形成动脉球。

3. 生殖系统

雌雄异体，生殖腺位于内脏块内，为不规则的腺体，卵巢呈黄色，精巢为乳白色。

4. 排泄系统

肾脏：一对，位于围心腔的腹面，后闭壳肌的前方。

5. 神经系统

包括三对神经节。

（1）脑神经节：一对，位于口前方前闭壳肌的后方、后闭壳肌的前方。

（2）脏神经节：一对，由两神经节愈合，在后闭壳肌的前上方。

（3）足神经节：一个（由两个神经节愈合而成），位于内脏块与足交界处，脑神经节与脏神经节之间，由脑脏神经节相连接，外套神经是由脑分出到外套膜上的神经。

五、作业

1. 绘制文蛤壳（左或右）的内面观图。

2. 绘制文蛤的解剖图，示内脏器官。

六、实验附图

文蛤内部结构图见图1-15，文蛤外部形态图见图1-16，文蛤内部各器官部位图见图1-17。

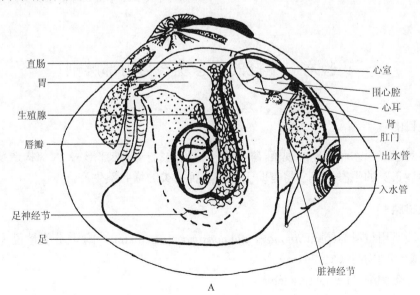

A

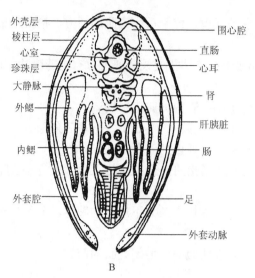

图 1-15　文蛤内部结构图

A. 大体解剖图；B. 横断面解剖图

图 1-16　文蛤外部形态图

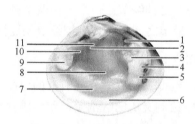

图 1-17　文蛤内部各器官部位图

1. 心脏；2. 外鳃；3. 后闭壳肌；4. 出水管；5. 入水管；6. 外套膜；7. 足；8. 内鳃；9. 前闭壳肌；10. 唇瓣；11. 胃

实验六　缢蛏的形态观察与内部解剖

一、实验目的

通过对缢蛏形态和解剖的观察，掌握埋栖型贝类的一般外部形态、内部构造及其特征。了解埋栖性贝类的生态习性，将有助于开展这种贝类的增养殖生产。

二、实验材料

本实验所用材料为缢蛏[*Sinonovacula constricta*（Lamarck）]，其分类地位为

软体动物门（Mollusca）

瓣鳃纲（Lamellibranchia）

异齿亚纲（Heterodonta）

帘蛤目（Veneroida）

樱蛤总科（Tellinacea）

截蛏科（Solecurtidae）

缢蛏属（*Sinonovacula*）

三、实验用具

解剖剪，解剖盘，镊子等。

四、实验内容

（一）外部形态

1. 贝壳

贝壳薄脆，呈长圆柱形，高度约为长度的 1/3，宽度为长度的 1/5～1/4。贝壳的前后端开口较大，前缘稍圆，后缘略呈截形。贝壳的背、腹缘近于平行。壳顶位于背面靠前方的 1/4 处。壳顶的后缘有棕黑色纺锤状的韧带，韧带短而突出。自壳顶至腹面具有显著的生长纹。这些生长纹距离不等，可作为推算其生长速度快慢的参考依据。自壳顶起斜向腹缘，中央部有一道凹沟，故名缢蛏。壳面被有一层黄绿色的壳皮，顶部壳皮常脱落而呈白色。

贝壳内面呈白色，壳顶下面有与壳面斜沟相应的隆起。左壳上具有 3 个主齿，中央一个较大，末端两分叉。右壳上具有两个斜状主齿，一前一后。靠近背部前端有近三角形的前闭壳肌痕。在该闭壳肌痕稍后，有伸足肌痕和前收足肌痕。在后端有三角形的后闭壳肌痕，在该肌痕的前端为相连的小型后收足肌痕。外套痕明显，呈"Y"形，前接前闭壳肌痕，后接后闭壳肌痕，在水管附着肌的后方为"U"形弯曲的外套窦。在腹缘的是外套膜腹缘附着肌痕，在前缘的为外套膜边缘触手附着肌痕。此外，尚有背部附着肌痕。

2. 足

缢蛏的足伸展在壳的前端，被具有触手的外套膜包围。自然状态下缢蛏足的形状，从侧面观似斧状，末端正面形成一个椭圆形蹠面。

3. 水管

缢蛏的水管有 2 个，靠近背侧的既是出水管，又是泄殖出口；靠近腹侧的是进水管，是海水进入体内的通道。在自然状态下，水管和足都伸展到贝壳的外面。进水管比出水管粗且长。在进水管末端有 3 环触手，最外一环和最内一环触手相对排列，共 8 对，其型大且较长，中间一环触手短而细小，数目较多。出水管触手只有 1 环，在出水孔的外侧边缘，数目在 15 条或 15 条以上。水管壁的内侧有 8 列较粗的皱褶，自水管的末端至水管基部呈平行排列。水管对刺激的反应极为灵敏，对外界环境具有高度感觉的功能。

4. 外套膜

除去贝壳，可见一极薄的乳白色半透明膜，包围整个缢蛏软体，为外套膜。左右两片外套膜合抱形成外套腔。在前端左右外套膜之间有一半圆形开口，是足向外伸缩的出入孔。在此处着生着无数长短不一的触手，沿着外套膜边缘排列着。在外套膜的后端肌肉更发达，分化延长成 2 个水管。外套膜腹缘左右相连，围成管状。

（二）内部构造

1. 消化系统

缢蛏的消化系统包括消化管和消化腺。消化管极长，共分为唇瓣、口、食道、胃、胃盲囊、肠和肛门等部分。消化系统的器官主要起消化吸收的作用。

唇瓣位于外套腔前端，前闭壳肌的下面，足基部的背面两侧。左右各有一外唇瓣和一内唇瓣，共 4 片。两内唇瓣接触面和外唇瓣的外侧表面均无明显皱褶。

口位于唇瓣的基部，为一小的裂口。紧接着口的是一短的食道通向囊形的胃。胃内有角质的胃楯，从胃通出一长囊称为胃盲囊（晶杆囊），囊中有一条透明胶状的棒状物称为晶杆。晶杆较粗的一端裸露于胃中，借助胃楯附于胃壁上，另一端延伸到足基背部。

包围在胃两侧的是棕褐色的消化腺（肝胰脏），消化腺由消化腺管通入胃中。

在胃后接着便是肠。肠近胃的部分较粗大，后段逐渐变细，经过 4 或 5 道弯曲后，沿着胃盲囊的右侧向后又转向背前方延伸，至胃盲囊和胃交界处的背面，经过又一次弯曲后，入直肠，向后通过围心腔，穿过心室向后闭壳肌背面伸延，末端开口即肛门。肛门和鳃上腔相通，废物由鳃上腔经出水管排出体外。

2. 肌肉系统

在背面的肌束从前往后依次为前闭壳肌、前伸足肌、前收足肌、背部附着肌、后收足肌、后闭壳肌。在外套膜的腹缘有外套膜腹缘附着肌及外套膜前缘触手附着肌，水管的基部还有水管附着肌。

3. 呼吸系统

鳃是主要的呼吸器官，左右各两瓣，狭长，位于外套腔中，基部系于内脏团两侧和围心腔腹部两侧。鳃由无数鳃丝组成，其内分布很多微血管，表面有很多纤毛。

4. 循环系统

心脏具有 1 心室、2 心耳。心室位于围心腔中央，由 4 束放射状肌肉支持着，心室中央被直肠穿过。心耳和心室之间有半月形薄膜构成的活瓣，左右各 1 对。缢蛏的血液循环是开放式的。血液从心室前后大动脉流到体前后的各组织中。

5. 排泄系统

在围心腔腹侧左右有呈圆管状、淡黄色的肾管。一端开口于围心腔，另一端开口在内脏团两侧的鳃上腔中，废物即由鳃上腔经出水管排出体外。

6. 生殖系统

缢蛏是雌雄异体，生殖腺位于足上部内脏块中、肠的周围。性腺成熟时雌性的稍带黄色，雄性的则为乳白色。生殖管开口（生殖孔）于肾孔附近，极小，在生殖季节较明显。

7. 神经系统

缢蛏的神经系统较不发达，没有一个集中的神经中枢，只有脑、足、脏神经节，均呈淡黄色。各神经节均有神经伸出。神经节间有相互联系的神经连合或神经连索。由各神经节向身体各个器官发出各种神经。

五、作业

绘制缢蛏的内部结构图。

六、实验附图

缢蛏的外形图见图1-18，内部结构图见图1-19，内部各器官部位图见图1-20。

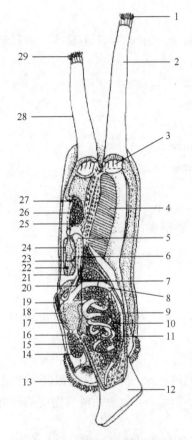

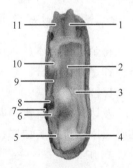

图1-18　缢蛏的外形图

图1-19　缢蛏的内部结构图
（仿潘星光，1954）

1. 入水管触手；2. 入水管；3. 水管壁皱褶；4. 鳃；5. 肾管；6. 心耳；7. 通入鳃上腔的肾管孔；8. 晶杆体；9. 胃盲囊（晶杆囊）；10. 生殖腺；11. 肠；12. 足；13. 前外套触手；14. 前闭壳肌；15. 口；16. 食道；17. 消化腺；18. 胃；19. 韧带；20. 生殖孔（开口于肾管孔附近）；21. 围心腔；22. 穿过心脏的直肠；23. 通入围心腔的肾管孔；24. 心室；25. 后收足肌；26. 后闭壳肌；27. 肛门；28. 出水管；29. 出水管触手

图1-20　缢蛏内部各器官部位图

1. 入水管触手；2. 鳃；3. 外套膜；4. 足；5. 前闭壳肌；6. 生殖腺；7. 韧带；8. 胃；9. 心脏；10. 后闭壳肌；11. 出水管触手

扫一扫　看彩图

扫一扫　看彩图

实验七　金乌贼的形态观察与内部解剖

一、实验目的

本实验以金乌贼作为头足类的代表动物，研究它的外部形态和内部构造，借以了解头足类的一般特征和形态结构，以及其与其他贝类在形态结构上的区别。

二、实验材料

新鲜或浸制的金乌贼（*Sepia esculenta* Hoyle）标本。金乌贼的分类地位为

　　　软体动物门（Mollusca）

　　　　头足纲（Cephalopoda）

　　　　　鞘亚纲（Coleoidea）

　　　　　　乌贼目（Sepioidea）

　　　　　　　乌贼科（Sepiidae）

　　　　　　　　乌贼属（*Sepia*）

三、实验用具

解剖镜，扩大镜，解剖器，解剖盘，大头针等。

四、实验内容

（一）外部形态

将金乌贼标本放入解剖盘内，加入少许自来水，仔细观察。金乌贼的身体分为头部、胴体和足部三部分。

1. 头部

发达，呈圆筒状，头部两侧各有一个十分发达的眼睛，在眼的后方有嗅觉窝。头的顶部有口，口周围有口膜，口膜分7叶，无吸盘，雌体腹面的两叶肥大，形成纳精囊。

2. 胴体

即外套膜，盾形。雄性胴背具有较粗的横条斑，间杂有致密的细点斑，雌性胴背的横条斑不明显，或仅偏向两侧，或仅具致密的细点斑。背部黄色色素比较明显。肉鳍较宽，位于胴部两侧全缘，在后端分离。内壳又叫海螵蛸，长圆形，腹面横纹面略呈单峰型，峰尖略尖，中央有一纵沟；背面有3列不大明显的颗粒状隆起，3条纵肋较平、不明显；外圆锥后端附近有塌陷的现象，呈"U"形；壳末端具粗壮骨针。

3. 足部

包括腕及漏斗两部分。腕10只，8只普通腕，自基部向顶端渐细，全腕均有吸盘；具有2只很长的触腕，触腕柄细长，末端呈半月形，称为触腕穗，约为全腕长度的1/5。仅触腕穗上具有吸盘，小而密，有10~12列，大小相近。除触腕外，各腕的长度相近，腕

式一般为 4>1>3>2，吸盘 4 行。各腕吸盘大小相近，其角质环外缘具不规则的钝形小齿。成熟雄性左第 4 腕茎化，部分吸盘退化，称为茎化腕或生殖腕。

漏斗位于头之后颈部腹面，为左右两侧片愈合而成的管子，前端游离，称为水管，是排泄生殖产物、呼吸的海水、粪便和墨汁的出口，也是主要的运动器官，外套腔的海水由此喷出。

（二）内部构造

用剪刀自腹面中线剪开，观察下列各内部构造。

1. 呼吸系统

鳃 1 对，位于外套膜两侧，呈羽状，由两列薄膜组成。鳃上有两条较大的血管，一条为入鳃血管，另一条为出鳃血管。

2. 生殖系统

金乌贼为雌雄异体，打开外套膜后即可根据不同的构造加以区分雌雄。

1）雌性

卵巢：1 个，位于身体后端，内有米粒状的乌贼卵。

缠卵腺：1 对，位于卵巢前方的白色腺体（加工制品为乌贼、鱼蛋）。

副缠卵腺：1 对，位于缠卵腺的前方。

输卵管：1 条，由卵巢通向体左侧，末端为生殖孔，开口于肛门侧后方。

2）雄性

用剪刀剪去胴腹膜，移去墨囊后可见到精巢 1 个（位置与卵巢相同），再用尖镊子将外面的薄膜轻轻除去，将其他各部分仔细剥离，可看见如下几部分。

（1）输精管：1 条，与精巢相接的弯曲小管。

（2）贮精囊：1 个，与输精管相接，较输精管稍膨大部分。

（3）摄护腺：位于贮精囊之旁，并与贮精囊相通。

（4）精荚囊：1 个膨大的囊，前接贮精囊，后通射精管。

（5）射精管：精荚囊通出之管，其末端为雄性生殖器。

3. 排泄系统

肾脏 1 对，为白色囊状物，位于两鳃基部中间，排泄孔（肾孔）开口于直肠两侧。

4. 循环系统

金乌贼的循环系统为闭管式。

（1）心脏：位于中央圆心腔中，由一个心室及两个心耳构成。

（2）动脉：前后大动脉由心脏出发。

（3）静脉：主要的静脉为前大静脉，经肾脏分出左右入鳃，腹静脉两侧各一条，通鳃心。

5. 消化系统

（1）口：包围于腕的中间，口球内有喙状颚两枚（下颚大于上颚）。

（2）唇：围于口周，可分为外唇、内唇，外唇较薄而有皱纹，内唇位于外唇之内，具有乳状突起。

（3）口腔：内有齿舌，角质。

（4）食道：为细长管，下通胃。

（5）胃：较膨大厚壁囊，下接盲囊。

（6）盲囊（肠）：在胃与肠之间的薄壁弯曲囊。

（7）肠：前接盲囊，后通肛门。

（8）消化腺：①唾液腺，1对，位于肝脏之前、食道两侧的小型腺体。②肝脏，1对，位于食道两侧、唾液腺之后，黄褐色的大型腺体。③胰脏，位于肝脏后方，胃及盲囊之上的葡萄状腺体。具短管与胆管相通。

6. 墨囊腺

位于胃的腹面，墨囊管末端开口于肛门附近。

7. 神经系统

金乌贼的神经系统较为复杂，包括中枢神经和周围神经两部分。

（1）中枢神经：在口球的下方，食道周围的软骨脑箱中，有下列三对神经。

脑神经节：在食道背面，两侧有粗短的神经连索与脏、足神经节相连，末端接视神经节。

足神经节：在食道腹面，由此通出神经至 10 个腕及漏斗。

脏神经节：在食道腹面、足神经节后，由脏神经节后方通出一对神经到各内脏器官上。

（2）周围神经：由脏神经节发出，分布于外套及胃上。

外套神经节：1对，呈星状，在外套膜的内壁上。

胃神经节：在胃壁上。

五、作业

1. 绘制金乌贼的整体腹面观和内部结构图。

2. 绘制金乌贼的生殖系统和消化系统图。

六、实验附图

金乌贼的外形图见图 1-21，海螵蛸见图 1-22，内部构造见图 1-23，消化系统见图 1-24，循环系统见图 1-25，神经系统见图 1-26，金乌贼图见图 1-27。

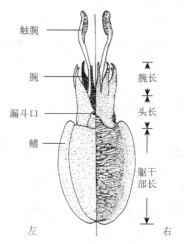

图 1-21　金乌贼的外形图（仿张玺和齐钟彦，1961）

右背面观，左腹面观

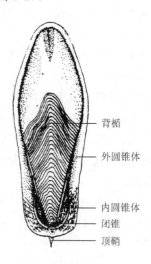

图 1-22　海螵蛸

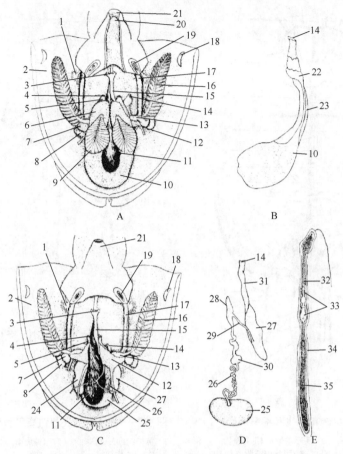

图 1-23　金乌贼内部构造（池田嘉平和稻叶明彦，1979）

A. 内部构造（雌）；B. 雌性生殖系统；C. 内部构造（雄）；D. 雄性生殖系统；E. 精荚；1. 星状神经节；2. 外套膜；3. 肛门；4. 肾孔；5. 肾囊；6. 副缠卵腺；7. 鳃心；8. 围心腔腺；9. 缠卵腺；10. 卵巢；11. 墨囊；12. 静脉腺质附属物；13. 出鳃血管；14. 生殖孔；15. 直肠；16. 鳃；17. 漏斗下掣肌；18. 闭锁突；19. 闭锁槽；20. 舌瓣；21. 漏斗；22. 输卵管腺；23. 输卵管；24. 胃；25. 精巢；26 输精管；27. 精荚囊；28. 摄护腺；29. 精荚管；30. 贮精囊；31. 阴茎；32. 射出管；33. 粘着体；34. 外鞘；35. 精子群

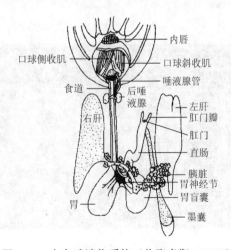

图 1-24　金乌贼消化系统（仿张彦衡，1958）

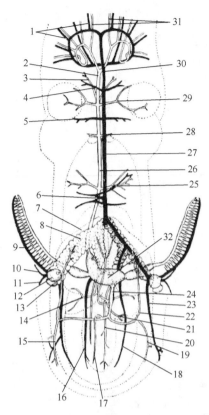

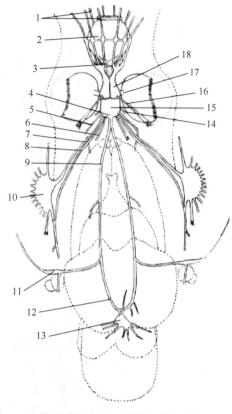

图 1-25　循环系统（池田嘉平和稻葉明彦，1979）

1. 腕静脉；2. 总腕动脉；3. 头咽动脉；4. 头静脉；5. 漏斗静脉；6. 肝静脉；7. 缠卵腺；8. 静脉腺质附属物；9. 入鳃血管（鳃动脉）；10. 鳃腺静脉；11. 外套膜静脉；12. 鳃心；13. 围心腔腺；14. 胃动脉；15. 生殖动脉；16. 墨囊动脉；17. 外套腔静脉；18. 外套膜动脉；19. 生殖静脉；20. 盲囊动脉；21. 缠卵腺动脉；22. 腹静脉；23. 后大动脉；24. 心脏；25. 出鳃血管（鳃静脉）；26. 肝动脉；27. 前大动脉（头大动脉）；28. 大静脉；29. 外套膜缘动脉；30. 眼动脉；31. 总腕静脉；32. 腕动脉

图 1-26　神经系统（池田嘉平和稻葉明彦，1979）

1. 腕神经；2. 口球；3. 口球神经节；4. 内脏神经节；5. 肝神经；6. 襟神经；7. 外套内神经；8. 外套外神经；9. 内脏神经；10. 星状神经节；11. 鳃神经节；12. 内脏后连合；13. 胃神经节；14. 嗅神经；15. 脑神经节；16. 漏斗神经；17. 视神经；18. 足神经节

扫一扫　看彩图

图 1-27　金乌贼图

第二章 贝类增养殖学综合性实验

本章共 8 个实验，通过对我国常见的增养殖种类进行系统分类实验，掌握贝类纲、目、科的主要分类特征；掌握贝类常见种类的分类地位、中文学名、俗名、主要形态特征，并能进行简单的形态描述，了解经济种类的生活习性及经济价值，学会使用贝类分类索引，进行分类和标本鉴定。

实验八 腹足纲前鳃亚纲（一）的分类

一、实验目的

通过学习腹足纲的分类，初步掌握其方法，熟记分类术语，认识常见经济种类。要求记住经济种类的特征和分类地位。

二、腹足纲的外部形态及分类的主要依据和术语

（一）腹足纲的外部形态

腹足纲贝壳各部分名称见图 2-1。

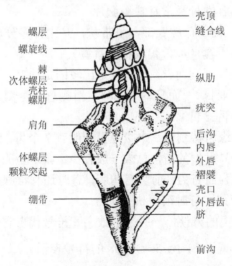

图 2-1 腹足纲贝壳各部分名称模式图

（二）分类的主要依据和术语

1. 神经系统

（1）侧脏神经是否交叉成"8"字形，是亚纲分类的主要根据之一。例如，前鳃亚纲侧脏神经连索交叉成"8"字形；后鳃亚纲和肺螺亚纲侧脏神经连索不交叉成"8"字形。

（2）神经系统是否集中，是分目的根据之一。例如，前鳃亚纲的原始腹足目不集中；中腹足目较集中；新腹足目很集中。

2. 鳃

（1）位置：鳃位于心室前方或后方，是亚纲的分类根据之一。前鳃亚纲动物位于心室前方，后鳃亚纲动物位于心室的后方。

（2）本鳃和次生鳃：本鳃是在发生过程中最初出现的，且在成体中仍被保留的鳃。

次生鳃又称二次性鳃，是后生的，可能有这样几种情况：①原来水生，用本鳃呼吸，后来主要陆生，本鳃消失，改用肺呼吸，最后因复归于水中生活而重新生出鳃，该鳃为次生鳃（如菊花螺、锥实螺）；②在发生过程中，由于扭转、反扭转的关系，不仅一侧器官有退化的可能，另一侧的器官也很可能有退化的现象，鳃就在这个扭转、反扭转的过程中消失了，而在另外的地方重新生出鳃来，该鳃就是次生鳃。

（3）楯鳃与栉鳃：鳃的结构是楯状还是栉状也常用于分类中，如原始腹足目为鳃楯状（羽状），中腹足目、狭舌目为栉状（一侧分支，列生鳃叶）。

此外，用鳃还是肺呼吸是亚纲分类的主要依据。前鳃、后鳃两亚纲都是用鳃呼吸，肺螺亚纲用肺进行呼吸。

3. 颚片与齿舌（咀嚼片）

（1）颚片：位于腹足类动物口腔里面，几丁质颚片的变化、有无、数量等经常用于分类中。

前鳃类和后鳃类颚片左右成对（玉螺的颚片有愈合趋势，前鳃类蛾科只有一个颚片）；肺螺类只有一个颚片；肉食性种类常常缺少颚片。

（2）齿舌（表 2-1）：位于口腔底部，呈带状，是由许多分离的角质齿轮固定在一个基膜上构成的。它生自齿舌囊（齿舌鞘或称腹盲囊）。

齿舌的形态与数量因种不同而异，但同种是比较固定的，如帽贝总科的齿舌由柱状齿片构成（所以又称为柱舌亚目），而马蹄螺总科、对鳃总科等侧齿、缘齿特别多，排列成扇状（所以过去也称为扇舌亚目）。

原始腹足目的侧齿、缘齿特别多，中腹足目一般有 7 个齿，新腹足目有 2 或 3 个。齿舌变化的规律一般是：①具大型的齿，总数一般较少；具小型的齿，数目一般较多。②肉食性种类的齿片较少，但强而有力，前端有钩刺，有时还有毒腺；草食性种类的齿片小而数目较多，圆形或先端较钝，有时细而狭长。

（3）齿式：为了分类上的方便，一般采用数字和符号代表它们的齿舌。例如，皱纹盘鲍的齿式用 $\frac{\infty \cdot 5 \cdot 1 \cdot 1 \cdot 5 \cdot \infty}{108}$ 或 $\infty \cdot 5 \cdot 1 \cdot 1 \cdot 5 \cdot \infty \times 108$ 的符号表示。

表 2-1　几种腹足类的齿舌和齿式

种类	齿式	齿舌带总行数	齿舌带长度/mm
皱纹盘鲍	∞·5·1·1·5·∞	108	50
斑玉螺	2·1·1·1·2	70～80	15
红螺	1·1·1	130	15

4. 贝壳

通常具有一个贝壳（但双壳螺有两个），裸鳃类成体无壳。有贝壳的种类一般为外壳，少数为内壳。典型贝壳具有下列构造。

（1）螺旋部：是内脏块盘曲的地方，又可分为许多螺层。

（2）体螺层：是贝壳最后的一层，是容纳头部和足部的地方。

（3）螺层与缝合线：贝壳每旋转一周，成为一个螺层；两螺层之间的连接处称为缝合线。螺层的数目、形态（花纹、棘、肋、疣状突等）及缝合线的深浅常随种类的不同而不同。计算螺层的数目，通常以壳口向下，从背面向下数缝合线的数目，然后加 1 即可。

（4）壳顶：螺旋部最上面的一层称为壳顶，是动物最早的胚壳。有的尖，有的呈乳头状，有的种类常常磨损（如无顶螺）。

（5）螺轴：贝壳旋转的中轴。

（6）壳口：体螺层的开口称为壳口。在分类上经常可以看到壳口不完全和壳口完全两个术语。①壳口不完全即壳口有缺刻或沟。肉食性种类多半属于这个类型。在前部的沟称为前沟，在后部的沟称为后沟。②壳口完全是指那些壳口大体上圆滑且无缺刻或沟。草食性种类大都属于这个类型。

（7）内外唇：壳口内面即靠近螺轴的一侧称为内唇，内唇相对的一侧称为外唇。外唇光滑或具齿。

（8）脐或假脐：螺轴旋转时，在基部留下的小窝称为脐。脐的大小、深浅常随种类的不同而不同，也有的种类脐被内唇的边缘所掩盖。假脐就是内唇向外蜷曲，而在基部形成的小窝（如红螺）。

（9）肩角：螺层上方膨胀形成肩状的突起，肩角的上部称为肩角面。

（10）左右旋：贝壳顺时针旋转的称为右旋；逆时针旋转的称为左旋。大多数腹足类动物是右旋的，如红螺、玉螺、梯螺等。左旋的种类很少，如膀胱螺科和烟管螺科。

贝壳左右旋的确定方法：拿起贝壳，壳顶朝上，壳口对着观察者，看看壳口是开在螺轴的哪一侧。若壳口在螺轴的右侧，则为右旋；反之，则为左旋。

（11）贝壳方位的确定：将壳口向下，壳顶朝着观察者，这样壳口的一端为前，壳顶的一端为后。贝壳位于左面的一边为左边，右面的为右边。

（12）壳的高度与宽度：由壳顶至基部的距离为高度，贝壳体螺层左右两侧最大的距离为宽度。

（13）贝壳作为分类的依据主要有以下几方面：①贝壳的旋转方向；②螺层的数目、形态（花纹、棘、肋、疣状突起等）及缝合线的深浅；③壳口的形状（壳口完全或壳口不完全，有无前后沟，内外唇光滑与否）；④脐的有无、大小、深浅；⑤肩角是否明显。

5. 足

腹足类的足，通常位于身体的腹面，蹠特别宽广，适于爬行，但由于种类不同，从而产生了种种变化。

（1）前足、后足：有的种类（特别是沙、泥滩种类）足的前部特别发达，呈犁头状，将行进时的泥沙分向两侧，有利于爬行，这种足称为前足。有的种类（如玉螺）足的后部向背后方延伸，并与其他部分分开，称为后足。

（2）侧足：有些种类（如泥螺、海兔）足的两侧特别发达，形成侧足。侧足可向背部蜷曲，与外套膜接合。在翼足类动物中，侧足变成游泳器官。

（3）上足：上足是足部上端扩张而形成的褶皱物，如鲍和马蹄螺科的一些种类都有上足。

（4）其他：营附着生活的一些种类，足部形成吸盘状；营固着生活的一些种类（如蛇螺），足部退化。

6. 厣

厣是腹足类特有的保护器官。它是由足部分泌的一种角质或石灰质的物质形成的。

（1）形状：各不相同，一般与壳口形状相当。一般近圆形，但也有很狭小的。在厣的上面生有生长纹，生长纹有一核心。核心的位置有的接近中央，有的偏向一边。

（2）成分：①角质，占多数（如田螺）；②石灰质（如蝾螺）；③内面为角质，外面为石灰质（如玉螺）。

（3）有无：前鳃类动物成体一般有厣，但也有无厣的，如鲍、鹑螺、宝贝等。

7. 眼和触角

腹足类头部通常有眼 1 对，触角 1 对或 2 对，有 2 对触角的种类，眼常位于后触角顶端。有一对触角的种类，眼的位置可以在基部、中部或顶部。肺螺类动物就是根据眼的位置分为柄眼和基眼两类的。

三、实验材料

前鳃亚纲——原始腹足目

1. 鲍科

贝壳很小，呈耳状，螺旋部退化，螺层少，体螺层及壳口粗大，其末端边缘具一列小孔。贝壳具珍珠光泽，鳃 1 对，左侧鳃较小，无厣，齿式为∞·5·1·1·1·5·∞×108。本科的代表种如下。

（1）皱纹盘鲍（*Haliotis discus hannai* Ino）（图 2-2）：贝壳大，坚实，椭圆形。螺层约 3 层。体螺层大，几乎占贝壳的全部，其上有 1 列突起和由 4 或 5 个开孔组成的旋转螺

扫一扫 看彩图

图 2-2　皱纹盘鲍

肋。壳面被这列突起的小孔分成左右两部分,左部狭长且较平滑,右部宽大且较粗糙。有多数瘤状或波状隆起。壳表呈深绿色,生长纹明显。贝壳内面呈银白色。壳口卵圆形。外唇薄,内唇厚。营匍匐生活,栖息在低潮区至数十米深的岩石质海底,产于我国北部沿海,为海产八珍之一。其贝壳也称石决明,供药用或作贝雕的原料,是增养殖的重要贝类之一。

(2)杂色鲍(*Haliotis diversicolor* Reeve)(图 2-3):贝壳呈耳状,壳质坚厚。螺旋部小,体螺层极大。壳面的左侧有 1 列突起,约 20 个,前面的 7~9 个有开口,其余皆闭塞。壳表呈绿褐色,生长纹细密。生长纹与放射肋交错使壳面呈布纹状。贝壳内面呈银白色,具珍珠光泽。壳口大,外唇薄。内唇向内形成片状边缘。无厣,足发达。暖水性种类,分布在我国东南沿海,是增养殖种类。

扫一扫 看彩图

图 2-3 杂色鲍

(3)耳鲍(*Haliotis asinina* Linnaeus)(图 2-4):贝壳狭长呈耳状。螺层约 3 层。螺旋部很小,体螺层大,与壳口相适应,整个贝壳扭曲成耳状。在壳面左侧具 1 条螺肋,由 1 列约 20 个排列整齐的突起组成,其中 5~7 个突起有开口。肋的左侧至贝壳的边缘具 4 或 5 条肋纹。生长纹细密,壳面呈绿褐色、黄褐色,布有紫色、褐色、暗绿色等斑纹。贝壳内面呈银白色,具珍珠光泽,暖水性种类,分布于我国南海。

(4)羊鲍(*Haliotis ovina* Gmelin)(图 2-5):贝壳呈卵圆形,短而宽,粗糙不平。螺层约 4 层,螺旋部较宽大,壳顶钝,略低于壳的最高点。体螺层大,壳面被 1 条带有突起和 4~6 个开孔组成的螺肋分成左右两部分。壳面呈红褐色、棕灰色、灰绿色等,夹有黄白色的斑带,并具瘤状的纵肋及肋纹。贝壳内面呈银白色,壳口宽大,外唇薄,内唇厚。暖水性种类,分布于我国南海。

扫一扫　看彩图

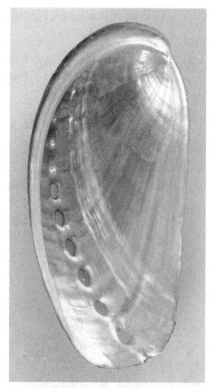

图 2-4　耳鲍

扫一扫　看彩图

图 2-5　羊鲍

2. 钥孔蝛科

贝壳扁平或呈圆锥形，贝壳和外套膜的顶端或前缘有孔或裂缝。鳃和肾脏各一对，左右对称，无厣。本科的代表种如下。

（1）鼠眼孔蝛[*Diodora mus*（Reeve）]（图 2-6）：贝壳小，呈长椭圆形，坚实。前缘略窄于后缘，壳顶高而突起，顶端穿孔呈卵圆形，致使贝壳呈漏斗状。壳表具多条整齐而明显的放射肋，并与生长环纹交错成方格状。贝壳内面呈灰白色，略有光泽。壳缘有细小的锯齿缺刻。在潮下带水深约 10m 的海底岩石上生活，分布于我国南海。

图 2-6　鼠眼孔蝛

（2）中华楯蝛[*Scutus sinensis*（Blainville）]（图 2-7）：贝壳结实呈鸭嘴形，前窄、后宽且较低平。壳顶钝，向后方微弯曲，位于体后部，约在壳长的 2/5 处，贝壳前部略窄而高，前缘中部具一近三角形的缺刻。壳表粗糙具波纹隆起，生长纹细，放射肋也弱，贝壳颜色为灰白色。贝壳内面呈白色、具光泽，顶部薄、略透光。栖息于潮间带岩礁间，分布于我国南海。

图 2-7　中华楯蝛

3. 花帽贝科

贝壳和内脏囊为钝圆锥形，无螺旋部，厣缺乏，眼为开放式，无晶状体。齿舌带长，齿式一般为 3·1·(2·0·2)·1·3。心脏只有 1 个心耳。直肠不穿过心脏和围心腔。无本鳃，有环状外套膜，介于外套膜和足之间。本科的代表种如下。

（1）龟甲蝛[*Cellana testudinaria*（Linnaeus）]（图 2-8）：贝壳较大，呈卵圆笠形，低平，壳质薄而结实。壳顶位置稍近前方，常被磨损。壳前部比后部略窄而平。自壳顶向四周射出隐约可辨的放射肋。壳口呈黄绿色或褐色，并有红褐色或绿色的色带或斑纹。贝壳内面呈银白色，具光泽，四周有黑褐色镶边。暖水性种类，广东沿海、海南岛均产。

扫一扫　看彩图

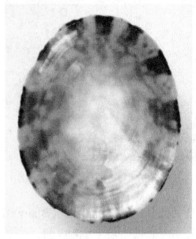

图 2-8　龟甲蝛

（2）嫁蝛[*Cellana toreuma*（Reeve）]（图 2-9）：贝壳呈长笠形，低平，前部比后部略窄。壳质较薄，半透明。壳顶近前方，略向前方弯曲。壳表具有细密明显的放射肋，生长

扫一扫　看彩图

图 2-9　嫁蝛

纹不明显，壳面颜色通常呈锈灰色，并有不规则的紫色斑纹。贝壳内面呈银灰色。壳口周缘具细小的齿状缺刻。南方的个体比北方的个体大而略平。足和外套膜之间有环形的外套鳃。生活在高潮线附近的岩石上，肉可供食用，我国南北沿海习见种。

（3）星状帽贝（*Patella stellaeformis* Reeve）（图 2-10）：贝壳呈卵圆笠形，低平而结实。放射肋突出于壳缘，致使壳的周缘呈不规则的爪状。壳顶位于中央而略偏向前方，壳面粗糙，除了有 8 或 9 条粗的放射肋外，还具多条明显的放射肋，生长纹明显。壳表呈褐色，夹有紫色斑点和色带。贝壳内面呈白色、具光泽，周缘有与壳表放射肋相应的深凹陷。生活在潮间带岩礁上，分布于我国南海。

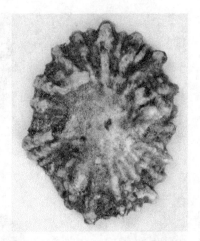 

扫一扫 看彩图

图 2-10　星状帽贝

4. 笠贝科（青螺科）

贝壳和内脏囊为钝圆锥形，无螺旋部，厣缺乏，眼为开放式，无晶状体。齿舌带长，齿式一般为 $3·1·(2·0·2)·1·3$。心脏只有 1 个心耳。直肠不穿过心脏和围心腔。有楯状的本鳃，一般无外套鳃。其代表种如下。

（1）史氏背尖贝[*Notoacmea schrenckii*（Lischke）]（图 2-11）：贝壳笠状，壳质较薄，

扫一扫 看彩图

图 2-11　史氏背尖贝

半透明。壳顶位于前方,尖端略低于壳的高度,壳的前部略窄而低,放射肋细而密,肋上具多数小突起,致使放射肋呈串珠状。壳面呈绿褐色或绿灰色,并有许多褐色云斑或褐色的放射色带。贝壳内面呈青灰色或蓝色,周围有棕色的镶边。无外套鳃,本鳃大而明显。见于高潮线附近的岩石上,我国沿海广泛分布。

（2）背肋拟帽贝[*Patelloida dorsuosa*（Gould）]（图2-12）：贝壳呈笠状,周缘卵圆形。壳质坚厚。壳顶位于前方,高起。壳前部窄,后部宽,贝壳表面具明显的放射肋,肋间常有细肋。壳表常被腐蚀,呈白色,壳内面乳白色,有光泽,边缘有一圈窄的洁白色镶边,壳缘有齿状缺刻。栖息于潮间带岩礁间,见于山东以北沿海。

扫一扫　看彩图

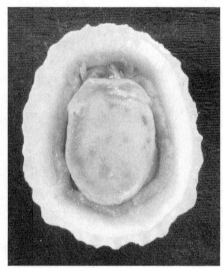

图 2-12　背肋拟帽贝

5. 马蹄螺科

贝壳形态多变,有圆锥形、球形、塔形,壳口完全,呈四角形,珍珠层厚,厣圆形,角质,多旋,核位于中央,齿式大都为∞·5·1·5·∞。其代表种如下。

（1）大马蹄螺（*Trochus niloticus maximus* Linnaeus）（图2-13）：俗称公螺,壳大而坚

扫一扫　看彩图

图 2-13　大马蹄螺

厚，呈圆锥形，壳顶尖，螺旋部大。每一螺层的上半部有 3 或 4 条螺肋，螺肋由多数粒状突起连成，螺层下半部靠近缝合线的上方具一列粗大的瘤状突起。生长纹清楚。壳面呈灰白色，具粉红色和紫红色火焰状花纹。壳表被有一层黄褐色的壳皮，壳低平，壳口斜，外唇简单，内唇厚，扭曲成"S"形。厣角质。暖水性种类，分布于我国海南岛、西沙群岛。

（2）塔形马蹄螺[*Trochus*（*Tectus*）*pyramis* Born]（图 2-14）：俗称白面螺。贝壳呈尖锥状。缝合线浅。螺层约 12 层。壳顶尖。螺旋部高。体螺层不是十分膨大。每层具 4 条由粒状突起组成的螺肋，其中在缝合线上方的 1 条突起特别发达，但颗粒较稀少。壳面呈青灰色或黄灰色，具紫色或绿色斑纹。贝壳底部平，灰白色，密布以壳轴为中心的螺旋纹。外唇薄，内唇厚。厣角质。暖水性种类，产于我国南海。

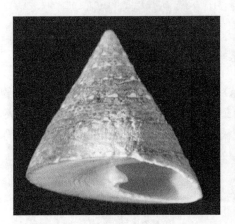
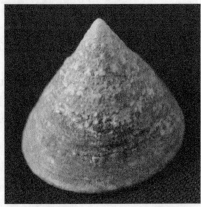

扫一扫 看彩图

图 2-14 塔形马蹄螺

（3）美丽项链螺[*Monilea callifera*（Lamarck）]（图 2-15）：贝壳低矮，近球形，缝合线沟状。螺层约 7 层，壳顶低，体螺层稍大，壳面略膨圆，密布粗细不太均匀的螺肋，肋上略可见许多半圆状的小结节。壳面呈淡黄褐色，有紫褐色火焰状花纹及斑点。贝壳底部色彩较深，纹脉较细。贝壳内面具珍珠光泽。外唇简单，内唇短厚，呈"S"形，前端具一结节状齿。脐孔大而深。分布于我国南海，生活于低潮线下沙质海底。

扫一扫 看彩图

图 2-15 美丽项链螺

（4）锈凹螺[*Chlorostoma rustica*（Gmelin）]（图 2-16）：贝壳坚厚，略呈等边三角形。螺层约 6 层，缝合线浅，壳面布满细密的螺肋和粗大的向右倾斜的放射肋。放射肋与细密的生长纹交叉成"十"字形。壳面呈深褐色，具铁锈色斑纹。壳口斜，内面呈灰白色，具珍珠光泽。外唇薄，简单，具黄褐两色相间的镶边；内唇基部向壳口伸出 1 或 2 个白色齿。脐孔大而深，厣角质。我国习见种，肉可食用。

扫一扫　看彩图

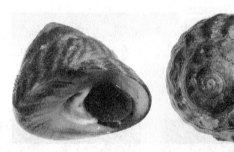

图 2-16　锈凹螺

（5）单齿螺[*Monodonta labio*（Linnaeus）]（图 2-17）：贝壳呈陀螺状，螺层约 6 层，每一螺层具带状螺肋 5 或 6 条，体螺层为 15～17 条，这些螺肋均由长方形的小突起连接而成。壳表呈暗绿色，具白色、绿褐色、黄褐色等色斑。壳口略呈心脏形。外唇简单，外缘薄，内缘肥厚。其边缘形成肋形的齿列，为我国南北沿海分布最广的贝类之一。

扫一扫　看彩图

图 2-17　单齿螺

（6）托氏蜡螺[*Umbonium thomasi*（Crosse）]（图 2-18）：贝壳结实，呈圆锥形。螺层 7 层。自壳顶至体螺层（侧面观）形成一平整的斜面。壳面光滑，具光泽，缝合线浅。壳面常为淡灰色或粉紫红色，具紫色波状或右旋火焰状花纹。壳口近四方形，外唇简单，内唇厚而倾斜，且具小结节。壳口内具珍珠光泽，壳顶平。脐孔被一白色光滑的胼胝体掩盖，厣角质。为潮间带沙滩上习见种，广布于我国江苏、山东沿海。

（7）银口凹螺[*Chlorostoma argyrostoma*（Gmelin）]（图 2-19）：贝壳坚厚，近似球形或陀螺形，螺层 6 层，自壳顶向下 3 层小而低，再下面 3 层宽度剧增。缝合线浅而明显，

图 2-18　托氏蝗螺

生长纹细密呈波纹状。顶部 3 层具极细弱的螺旋纹,其余各层表面均具有与生长纹相交错的纵肋。壳面呈灰黑色。壳口大,近四方形,内面具珍珠光泽。外唇外缘具一黑灰色的镶边,内唇下部厚,具弱的齿突,脐孔周缘呈翠绿色,厣角质。暖水性种类,分布于我国东南沿海。

图 2-19　银口凹螺

（8）黑凹螺[*Chlorostoma nigerrima*（Gmelin）]（图 2-20）：贝壳呈塔状,质厚,壳长与壳宽相差不大。螺层 6 层,螺层不膨胀,壳顶 3 层相当小,下面 3 层骤然增大,贝壳基

图 2-20　黑凹螺

部较平整。壳面呈灰黑色或棕黑色，有纵走的黑色花纹和自壳面伸出的肋痕，壳口斜，内面具珍珠光泽和环形的细纹数条。脐孔深。暖水性种类，分布于我国东海、南海。

6. 蝾螺科

贝壳坚硬，螺旋部短，体螺层膨大，壳口完整，圆形，无脐或具极窄的脐孔，厣石灰质，圆形，外表面突出。齿式为∞·5·1·5·∞，中央齿有变化，海产。其代表种如下。

（1）朝鲜花冠小月螺[*Lunella coronata coreensis*（Recluz）]（图 2-21）：贝壳坚固，近球形，螺层约 5 层。壳顶低且常被磨损。壳表呈深灰绿色或棕色，密布多数由小颗粒连成的螺肋，在缝合线下方的螺肋颗粒较发达。体螺层较膨胀，其中部的螺肋发达向外扩张，使体螺层形成 1 个肩部。壳表被有带茸毛的褐色外皮。壳口大，外唇较薄，内唇紧贴于壳轴上。前沟较长。厣角质。分布于我国东南沿海，肉供食用。

图 2-21　朝鲜花冠小月螺

（2）角蝾螺（*Turbo cornutus* Solander）（图 2-22）：贝壳略大，结实，螺旋形。螺层 6 层左右，壳顶较高。体螺层上具有 2 列强大的棘，每列 10 个左右，也有些个体无棘。壳表灰青色，具有发达的螺肋，生长纹粗，呈鳞状。壳口大，圆形，内面具珍珠光泽。外唇简单，有时具管状短沟棘；内唇厚，基部扩展。无脐，厣石灰质。分布于我国浙江以南沿海，肉可供食用。

图 2-22　角蝾螺

（3）夜光蝾螺（*Turbo marmoratus* Linnaeus）（图2-23）：贝壳大型，重厚且坚实。螺层约7层，螺旋部呈锥形。体螺层膨大，上具3条间隔相等的螺肋，肋上有结节。生长纹粗糙。壳表呈绿色，夹有褐色、白色或红色相间的带状环纹数条，壳顶常呈翠绿色斑纹，壳口大而圆，内面具珍珠光泽。外唇上部形成一短的浅沟；内唇下部卷转形成耳状的扩张面。无脐，厣大，石灰质。分布于我国台湾、海南，暖水性种类。

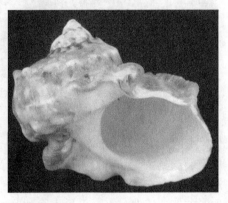

图2-23　夜光蝾螺

（4）金口蝾螺（*Turbo chrysostomus* Linnaeus）（图2-24）：贝壳重厚，结实，中等大小。螺层约6层，缝合线浅，壳面密布螺肋，螺层被中部1条角状突起的肋分为上下两部分，上部是一略微倾斜的肩部，下部是一垂直面。体螺层肋上的角状突起尤为发达。生长纹细密，在肋面和肋间形成覆瓦状鳞片。壳面呈橙黄色，具紫色放射色带，壳口圆，内面呈金黄色。外唇有缺刻；内唇向下方扩张。厣为石灰质。暖水性种类，产于我国台湾及海南。

图2-24　金口蝾螺

（5）紫底星螺[*Astralium haematraga*（Menke）]（图2-25）：贝壳结实，锥形。螺层6层。各螺层的宽度渐次均匀增加、缝合线浅，在每一螺层的下缘近缝合线处具1列角刺形突起。在体螺层上有角刺12~14个。壳表呈灰白色，或略带紫红色，并具由不甚明显的颗粒组成的纵肋。壳底略平，淡紫红色，具细鳞片组成的同心螺肋，壳口卵圆形，内面具珍珠光泽，外缘淡紫红色。无脐。厣为石灰质。分布于我国南海沿岸。

扫一扫　看彩图

图 2-25　紫底星螺

7. 蜒螺科

贝壳低,螺层数少,螺旋部短,体螺层大,壳口半圆形。内唇扩张,边缘光滑或具齿,石灰质,内有突起物。无脐孔,鳃一个,齿式为∞·1·(3·1·3)·1·∞。其代表种如下。

(1) 渔舟蜒螺(*Nerita albicilla* Linnaeus)(图 2-26):贝壳结实,呈卵圆形,无珍珠层,螺旋部低而平,体螺层大,占贝壳全部。生长纹明显而粗糙。壳表多为青灰色,具黑色斑纹或色带,壳口内面呈白色。内唇伸延扩展,与外唇相连形成一宽板面。表面具多数大小不等的颗粒突起,中央凹陷部通常有 3 枚小齿;外唇外缘有黑白相间的镶边。内面加厚,具粒状齿列。厣长卵形。暖水性种类,为我国东南沿海习见种类。

扫一扫　看彩图

图 2-26　渔舟蜒螺

(2) 齿纹蜒螺[*Nerita*(*Ritena*)*yoldi* Recluz](图 2-27):壳较小,近半球形,呈白色或黄色,具黑色的花纹或云状斑。螺层约 4 层。螺旋部小。体螺层膨大,几乎占贝壳的全部。壳面有低平的螺肋,壳口半月形,内面呈灰绿或黄绿色。外唇缘具黑白色相间的镶边,内部有 1 列齿;内唇倾斜微显皱褶,内缘中央凹陷部有细齿 2 或 3 枚,厣棕色,半月形,表面具粒状突起。分布于我国浙江以南至海南沿海。

8. 拟蜒螺科

贝壳坚厚,呈球状,体螺层大,螺旋部小,壳表呈白色,壳面布有纵横交叉的细脉,壳口大,内唇中部有一凹陷。厣为石灰质。

图 2-27 齿纹蜓螺

齿舌拟蜓螺[*Neritopsis radula*（Linnaeus）]（图 2-28）：壳呈半球形，坚实，洁白色。螺层约 4 层，壳顶小。体螺层膨圆。缝合线深，壳面布满了由念珠状突起组成的螺肋。壳口宽广。外唇边缘有齿状缺刻；内唇厚，中央部有一直线状凹陷。见于我国南海，为印度洋、西太平洋热带种。

图 2-28 齿舌拟蜓螺

四、作业

1. 熟记腹足纲的分类术语。
2. 写出所观察贝类的分类地位（纲、亚纲、目、科、属、种）。

实验九　腹足纲前鳃亚纲（二）、后鳃亚纲、肺螺亚纲的分类

一、实验目的

通过学习腹足纲动物的分类，初步掌握其分类方法，认识常见的经济种类。充分理解和掌握腹足纲的分类术语。

二、标本观察

（一）前鳃亚纲——中腹足目

1. 田螺科

壳稍高，呈卷旋的圆锥形。脐孔狭而缺。螺层表面多突，略呈圆形。厣角质，具栉鳃，肾脏有长的输尿管。雄性右触角变为交接器。卵胎生，幼贝在子宫发育。淡水产。

（1）中国圆田螺[*Cipangopaludina chinensis*（Gray）]（图 2-29）：体螺层增长均匀迅速，螺旋部高而略尖，体螺层膨圆。壳面突，壳表光滑、呈暗绿色或深褐色。生长纹细密。壳口完全，椭圆形，周缘具黑色边框。脐孔部分被内唇遮盖而呈线状，或全部被遮盖。厣角质，棕褐色。生活在淡水区域，我国各地均有分布。

扫一扫　看彩图

图 2-29　中国圆田螺

（2）中华圆田螺[*Cipangopaludina cahayensis*（Heude）]（图 2-30）：贝壳大，薄而坚。体形较中国圆田螺略小，呈卵圆锥形。螺层 6 或 7 层。各螺层的宽度增长迅速。螺旋部短而宽。体螺层特别膨圆。壳顶尖。壳表呈绿褐色或黄褐色。壳口呈卵圆形，壳口完全，周缘具黑色框边。外唇简单；内唇厚，并遮盖螺脐。厣角质。生活在淡水区域，我国各地均有分布。

2. 滨螺科

壳呈螺旋形，结实。内唇厚，外唇薄。厣角质，核心不在中央。吻短而宽，触角长，眼在其外基部。有一栉鳃。卵生或卵胎生。其代表种如下。

短滨螺（*Littorina brevicula* Philippi）（图 2-31）：壳小，球状，呈黄绿色，杂有褐、白色云斑。螺旋部低锥形，体螺层中部扩张形成肩部，具粗细不均匀的螺肋。壳口圆，内面呈褐色。外唇有褐色和白色相间的镶边，内唇下端向前方扩张成一反折面、无脐，厣角质。为我国黄海、渤海和东海习见种。

3. 锥螺科

壳顶高，螺层数多，呈尖锥形，厣角质，核心在中央，无水管。其代表种如下。

图 2-30　中华圆田螺

图 2-31　短滨螺

棒锥螺（*Turritella bacillum* Kiener）（图 2-32）：壳呈尖锥形，结实，黄褐色或紫红色。壳顶尖。螺旋部高，体螺层短。螺层约 28 层，每螺层的上半部平直，下半部较膨胀。螺旋部的每螺层有 5~7 条排列不匀的螺肋，肋间还夹有细肋。壳口卵圆形，无脐。为我国浙江南部以南习见种。

4. 轮螺科

贝壳较矮，体形或多或少呈盘状，脐大而深，边缘具锯齿状缺刻。壳口呈圆形或近四方形。厣石灰质或角质。内面常有突起。其代表种如下。

图 2-32　棒锥螺

大轮螺[*Architectonica maxima*（Philippi）]（图 2-33）：壳呈低圆锥形，结实，黄褐色或青灰色，具淡黄褐色壳皮。螺层约 9 层。壳顶低。各层宽度增加迅速。螺旋部有 4 条呈念珠状的螺肋，体螺层有 5 条，肋的宽度不等。缝合线呈深沟状，沿着缝合线的 2 条螺肋上面有红褐色和白色相间的斑纹。壳基部平。脐孔大而深。在脐孔周围有锯齿状缺刻的螺肋，在此肋周围有 2 条较深的螺沟。厣角质。见于广东和海南岛沿海。

扫一扫　看彩图

图 2-33　大轮螺

5. 滩栖螺科

壳较高，呈圆锥状，螺层数多。壳面具雕刻，唇部或多或少向外扩张。其代表种如下。

古氏滩栖螺[*Batillaria cumingi*（Crosse）]（图 2-34）：壳呈尖锥形，青灰色或棕褐色。螺层约 9 层，壳顶常被磨损。各螺层宽度增加缓慢、均匀。体螺层微向腹方弯曲。壳面具多条低小的螺肋。两肋间呈细沟状，纵肋较宽粗，在贝壳上部的明显发达。贝壳基部较膨胀，下部收窄，壳口内面有褐色色带。外唇薄，向外扩张并反折；内唇稍扭曲。前沟呈缺刻。厣角质。全国沿海都有分布，为习见种。

扫一扫　看彩图

图 2-34　古氏滩栖螺

6. 蟹守螺科

壳长锥形，螺层数多，壳面有肋或结节。壳口有前沟，外唇扩张，角质，吻、足长。海产，河口、淡水产。其代表种如下。

中华锉棒螺[*Rhinoclavis sinensis*（Gmelin）]（图 2-35）：壳呈锥形，坚固，黄褐色，

杂有紫色斑。螺层约 15 层。在每螺层上部都有 1 条特别发达的、由结节突起连成的肋，在螺旋部各层上有 3 条、体螺层上有 8 条由小颗粒连成的细肋，每螺层上具有 1 条位置不定的纵肿脉。在体螺层上，纵肿脉位于腹面的左方，壳口斜，卵形，内面呈黄白色，壳轴上有两条肋状褶皱。前沟的外缘部有两个褶襞。前沟呈半管状突起，前端向背方急速弯曲；后沟明显，厣卵圆形，角质。为我国福建以南潮间带沙滩上习见种。

图 2-35　中华锉棒螺

7. 帆螺科

贝壳呈乳状或片状。螺旋部稍旋转，螺层层次略可辨，无厣，具石灰质腹板，内脏团略呈螺旋形，足短、圆，生殖腺有附属物。

笠帆螺[*Calyptraea morbida*（Reeve）]（图 2-36）：壳呈笠形，质薄，黄白色或淡棕色，有的间杂有棕色斑点或放射状花纹。壳顶高起，钝，位于中央，壳面光滑，同心生长纹细致。壳口广。内隔片较小，呈牛角形管状，肌痕近三角形，位于内隔片前方。见于海南岛和台湾。

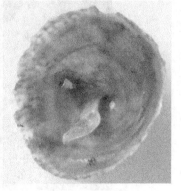

图 2-36　笠帆螺

8. 衣笠螺科

壳呈笠状，薄脆，壳面有肋，常镶嵌各种空贝壳或小石块。吻长。足横分为前后两部分，后部背面具厣。其代表种如下。

太阳衣笠螺[*Xenophora solaris*（Linnaeus）]（图 2-37）：壳呈低圆锥形，壳质较薄，淡黄色。螺层约 7 层。在螺层周缘具有向外延伸的管状突起，在体螺层上管状突起约有 19 个，管状突起的上方出现 1 条环形的缢痕。壳面微显膨胀，具斜行的波状纹，纹上有细小的结节状突起。壳底部较平，有明显的弧形放射肋，肋上有细小的结节突起。壳口斜，脐深，部分被内唇遮盖。厣角质，呈黄褐色。生活于浅海泥沙质海底，见于南海。

扫一扫 看彩图

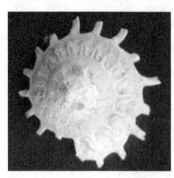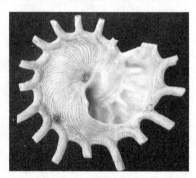

图 2-37　太阳衣笠螺

9. 凤螺科

贝壳结实，螺旋部低，体螺层大。壳口狭长，外唇扩张呈翼状或具棘。有前沟，有时具后沟，沟旁常有外唇。其代表种如下。

（1）水晶凤螺（*Strombus canarium* Linnaeus）（图 2-38）：壳呈卵圆菱形，厚而结实，黄褐色。螺层约 9 层，壳顶数层，表面稍膨圆，刻有数条纵横行走的弱肋，中部各螺层向外扩张，形成明显的尖角。体螺层上部较发达，基部瘦窄。壳口狭长，呈白色。外唇扩张呈翼状，边缘加厚，前后缺刻浅，呈弧状凹陷；内唇前端稍向背方弯曲。前沟宽、短。厣角质，柳叶形，一侧具齿，生活在浅海泥沙质海底，为我国台湾和南海习见种。

扫一扫 看彩图

图 2-38　水晶凤螺

（2）水字螺[*Lambis chiragra*（Linnaeus）]（图2-39）：俗称笔架螺。壳大、重、厚，呈黄白色，具紫棕色斑点。壳皮呈黄褐色。螺层约9层。螺旋部呈塔形。体螺层膨大成拳状，在体螺层有4列较强的螺肋，第一条螺肋上有瘤状突起。壳口长方形，内面呈橘红色，有细肋。自壳口向外伸出6只强大的棘状突起，呈"水"字形。厣柳叶形，角质。见于我国台湾、海南和西沙群岛。

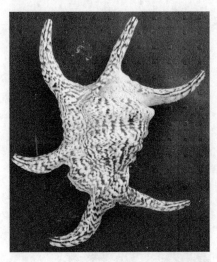

扫一扫　看彩图

图 2-39　水字螺

（3）铁斑凤螺（*Strombus urceus* Linnaeus）（图2-40）：壳较小，结实，呈黄白色，具棕色斑点。螺层约8层，在螺层的中部和体螺层的上部扩张形成肩角，肩角上有结节状突起，体螺层稍膨大，有两条不完整的橄榄色色带。壳口梭形，内面呈淡棕色，刻有多数沟纹，外缘有紫褐色镶边。外唇边缘加厚，近后段弯曲形成1个角，前缺刻浅；内唇紧贴壳轴。前沟短小。厣柳叶形，角质，一侧具齿。见于我国台湾和南海沿岸。

（4）蜘蛛螺[*Lambis lambis*（Linnaeus）]（图2-41）：壳坚固结实，呈黄白色，杂有褐色斑点和花纹，外表被有黄褐色壳皮。螺层约9层，壳面密生细的螺肋，其上有结节。壳口长条形，内面呈肉色。外唇扩张，并向上、下、右3方延伸出7条爪状的长棘。外唇前端有一大缺刻，内唇弯曲呈弧形。前沟半管状，稍长。厣角质，柳叶形。见于我国台湾、海南和西沙群岛。

10. 玉螺科

贝壳呈球形或耳形，螺旋部低，螺层数少，壳面光滑。壳面完全，无沟。外唇简单，内唇多少向脐孔翻曲，或具石灰质胼胝。厣石灰质或角质。其代表种如下。

（1）扁玉螺[*Neverita didyma*（Röding）]（图2-42）：壳呈半球形，顶部紫褐色。基部呈白色，其余壳面呈黄褐色。螺层约5层。螺旋部较低，体螺层宽大。壳面膨胀，生长纹细密。在每螺层缝合线的下方，有一条彩虹样的紫色色带。壳口卵圆形。外唇薄，内唇中部形成一个大的褐色结节。脐大而深，部分被脐结节遮盖。厣角质。见于全国沿海。为肉食性，侵食其他瓣鳃类。其肉可供食用。

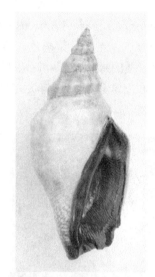

图 2-40 铁斑凤螺

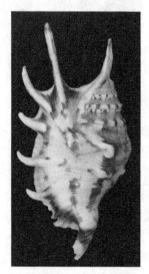

图 2-41 蜘蛛螺

图 2-42 扁玉螺

（2）福氏乳玉螺[*Lunatia gilva*（Philippi）]（图 2-43）：又称微黄镰玉螺，壳高、低圆锥形。螺层约 6 层。缝合线明显。壳顶尖细，壳顶处 3 个螺层很小。体螺层膨大。壳面光滑无肋，生长线细密。壳面呈黄褐色或灰黄色，壳顶多呈灰蓝色。贝壳内面呈棕黄色或灰紫色。壳口卵圆形。外唇简单而薄；内唇的上部薄，至脐部稍加厚，接近脐的部分形成 1 个结节状的棕黄色胼胝。靥角质。脐孔深而明显，部分被内唇伸展的胼胝所填塞。广泛分布于我国南北沿海，是滩涂贝类养殖的敌害。

图 2-43 福氏乳玉螺

（3）斑玉螺[*Natica tigrina*（Röding）]（图 2-44）：壳呈球形。壳顶呈紫色，基部呈白色，其余壳面呈黄色，密布不规则的紫褐色斑点。螺层约 6 层。螺旋部约占壳高的 1/3。体螺层较膨大。壳面光滑无肋，生长纹细密。壳口卵圆形，内面呈青白色。外唇稍薄，呈弧形，内唇中部形成 1 个结节。脐的下半部几乎全被结节掩盖、石灰质，外侧边缘有两条肋纹。全国沿海都有分布，为肉食性贝类，对滩涂贝类养殖有害。

图 2-44 斑玉螺

11. 宝贝科

壳质坚固，呈卵圆形。壳面具突起或平整，富有光泽。成体时螺旋部小，埋于体螺层中。壳口狭长，唇缘厚，多少具齿。无厣。吻和水管均短。外套膜及足发达，有外套触角。生活时外套膜伸展遮盖贝壳。其代表种如下。

（1）阿文绶贝[*Mauritia arabica*（Linnaeus）]（图2-45）：壳呈长卵圆形，背部膨圆，两侧边缘稍厚。壳表呈褐色，具有不甚规则的断断续续的棕褐色条纹和许多星状圆斑，并间杂有褐色或灰蓝色的横条。背线明显。两侧缘和基部为灰褐色，饰有紫褐色斑点。螺旋部部分或全部被珐琅质所覆盖。壳口窄长，微曲。两侧唇齿各约32枚，呈红褐色，贝壳内面呈淡紫色。生活在低潮线附近的岩石或珊瑚礁间。我国见于福建东山以南沿海，为印度—西太平洋热带海区广布种。壳的中药名为紫贝，具明目解毒的功效。

图2-45　阿文绶贝

（2）虎斑宝贝（*Cypraea tigris* Linnaeus）（图2-46）：壳较大，卵圆形，背部膨圆，两端微突，前端较尖瘦。壳顶部位向内凹陷。壳表光滑，有瓷光，呈淡黄色和白色，布有大小不同的黑褐色斑点，似虎皮的斑纹，故此得名。螺旋部被珐琅质所覆盖，背线明显。基部呈乳白色。内唇中部稍后有1块黑褐色斑纹。壳口窄长。外唇齿24～30枚，内唇齿22～26枚。贝壳内面呈白色。生活在潮下带岩礁或珊瑚礁海底。见于我国台湾、广东、海南和西沙群岛。为印度—西太平洋热带海区广布种。壳可供观赏。

（3）环纹货贝[*Monetaria annulus*（Linnaeus）]（图2-47）：壳小，卵圆形。背部中央较隆起。在背部周围有1条橘黄色的环纹，环纹在贝壳的两端不衔接，壳面光滑具瓷光。在环纹内通常呈淡灰蓝色，环纹外呈灰褐色。螺旋部被珐琅质覆盖。背线不清楚。壳口狭长，微曲，前端稍宽。唇齿粗壮，每侧约12枚。贝壳内面呈紫色。生活在潮间带中潮区至潮下带的岩石和珊瑚礁间。见于我国台湾、海南和西沙群岛，为印度—西太平洋区广布种。

图 2-46　虎斑宝贝

图 2-47　环纹货贝

（4）货贝（*Monetaria moneta* Linnaeus）（图 2-48）：壳小，背部中央高起，两侧扁而低平，在贝壳后方的两侧形成结节突起，螺旋部被珐琅质覆盖。背线不清楚，壳面呈鲜黄色，两侧缘部色较淡。背部具 2 或 3 条灰绿色横条。基部平，黄白色。壳口窄长，唇齿粗短，每侧约 12 或 13 枚，贝壳内面呈紫色。见于我国台湾、海南和西沙群岛。

（5）卵黄宝贝（*Cypraea vitellus* Linnaeus）（图 2-49）：壳呈卵圆形，背部膨圆，前端稍尖瘦。表面光滑具瓷光，呈黄褐色或灰黄色，有乳白色色斑及不明显的褐色色带 3 条。壳两侧有延伸至基部的细密线纹。螺旋部被珐琅质所覆盖。基部呈淡褐色。壳口窄长。外唇齿 24～32 枚，内唇齿 20～27 枚。贝壳内面呈白色或淡紫色。生活在低潮线附近岩石和珊瑚礁间。我国台湾和南海沿岸均产，日本和菲律宾也有分布。

扫一扫　看彩图

图 2-48　货贝

扫一扫　看彩图

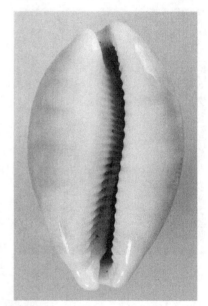

图 2-49　卵黄宝贝

12. 冠螺科

螺旋部短小，体螺层膨大，壳形呈圆锥或冠形。壳口狭长，唇部扩张。前沟短，并扭曲。中央齿具许多齿尖。眼无柄，足宽大，吻和水管相当长。其代表种如下。

（1）冠螺[*Cassis cornuta*（Linnaeus）]（图 2-50）：又称唐冠螺。壳大而重、厚，略呈球形或卵圆形，灰白色。螺旋部低矮。体螺层膨大，螺肋与生长线交叉成网状。体螺层有 3 条粗壮的螺肋，肩部的 1 条有 5~7 个角状突起。壳口狭长，内外唇扩张呈橘黄的盾面，外唇内缘有 5~7 枚齿，内唇有 8~11 个褶襞。壳口内面呈深橘红色。前沟短，向背部扭曲。厣小，呈棕褐色。见于我国台湾和西沙群岛。肉可食。

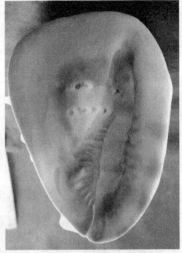

图 2-50 冠螺

（2）沟纹鬈螺[*Phalium flammiferum flammiferum*（Gmelin）]（图 2-51）：壳呈卵圆形，黄白色，具有较宽的红褐色纵走波状花纹。螺层约 9 层。螺旋部较短，具纵横的细肋，并交叉形成粒状突起，有时还出现纵肿肋。体螺层膨大，腹面左侧具发达的纵肿肋。壳口狭长。外唇厚而向外翻卷，内缘具齿肋，内唇下部延伸成片状，并具许多不规则的肋。前沟宽短，向背方弯曲。厣角质。生活在低潮区至浅海的砂质底。见于我国东南沿海，日本也有分布。

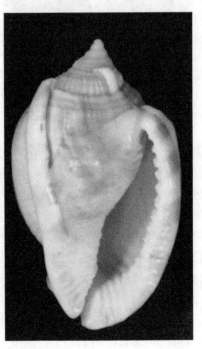

图 2-51 沟纹鬈螺

13. 嵌线螺科

壳厚，有粗纵肿肋，壳口一般卵圆形，外唇厚而弯折，前沟通常狭长，外皮甚厚、有时带毛，厣角质，水管发达，具吻。其代表种如下。

法螺[*Charonia tritonis*（Linnaeus）]（图 2-52）：壳极大，呈黄红色，具有黄褐色或紫褐色鳞状花纹。螺层约 10 层。顶部常磨损。螺旋部高，尖锥形。体螺层膨大，每螺层具有光滑的螺肋及纵肿肋。壳口呈卵圆形，内面呈橘红色。外唇边缘向外延伸，内缘具成对的红褐色的齿肋；内唇有白色与褐色相间的条纹状褶襞。前沟半管状，略向背方弯曲。厣角质。见于我国台湾和西沙群岛。壳可作号角。

扫一扫 看彩图

图 2-52　法螺

14. 扭螺科

贝壳壳形奇特，螺层为不规则扭曲。壳面螺肋和纵肋交错呈布纹状或网目状。内外唇扩张。

网纹扭螺[*Distorsio reticulate*（Röding）]（图 2-53）：壳略呈菱形。螺层约 9 层。螺旋部呈塔状。缝合线浅，螺旋部较高，背部膨胀犹如驼背，腹部压平。壳表呈黄褐色或灰白色，外表被棕褐色绒毛状的壳皮。具纵横行走肋形成的网纹。壳口扩张，形成片状红棕色的瓷质面。外唇内侧具大小不等的齿，内唇有方格状雕刻和颗粒状齿。前沟半管状，后沟内侧具两枚突起。厣角质。见于我国台湾和南海。

15. 蛙螺科

贝壳中等大，坚硬，壳面雕刻多，具棘刺，壳表有纵肋。壳口卵圆形，有前后沟，沟较短，唇具齿。其代表种如下。

习见蛙螺[*Bursa*（*Cyrineum*）*rana*（Linnaeus）]（图 2-54）：壳呈卵圆形，黄白色并间

杂有紫褐色火焰状条纹。螺层9层。壳面有细的螺肋，肋上具颗粒状结节。在体螺层上有两列角状突起，其他各螺层的肩角上各有一列角状突起。在每螺层的左右侧各有一条纵

图 2-53 网纹扭螺

肿肋，肋上也着生角状突起。壳口橄榄形，内面呈黄白色。外唇厚，边缘具许多齿；内唇内缘具褶襞及粒状突起。前沟半管状，后沟内侧有时具肋突。厣角质。见于我国浙江以南沿海。

图 2-54 习见蛙螺

16. 鹑螺科

壳膨胀、较薄，常呈球状，螺旋部低。体螺层大，无厣。水管狭长，生活在暖水区。其代表种如下。

中国鹑螺[*Tonna chinensis*（Dillwyn）]（图 2-55）：壳略呈球形。螺旋部低。体螺层膨大。呈淡黄色。螺层约 7 层，壳面具有发达而宽平的螺肋，每隔一两条肋出现 1 条或 2 条颜色较淡的螺肋，其上有褐色的斑块。壳口半圆形，内面呈淡褐色，刻有深的螺肋。外唇薄，边缘具缺刻；内唇下部向外翻卷，与螺轴形成假脐。前沟宽短，向背方扭曲。无厣。生活在浅海沙质或泥沙质海底。见于我国东海及南海，日本也有分布。

图 2-55　中国鹑螺

17. 琵琶螺科

螺旋部小，体螺层大，体形为梨形或琵琶形。壳口开阔，无脐，前沟长且宽。外唇薄，足宽大，水管细长。其代表种如下。

（1）杂色琵琶螺（*Ficus variegata* Röding）（图 2-56）：壳呈梨形，上部膨圆，下部窄细，呈淡褐色。壳面具黄褐色细斑点和紫褐色斑。螺层约 6 层。螺旋部低矮。体螺层膨大，几乎占贝壳的全部。壳面光滑，有低平且较粗的螺肋和细弱的纵肋。体螺层上有数条黄白色的螺带。壳口宽长，内面呈淡紫色。外唇薄，内唇弯曲，前沟长。无厣。见于我国浙江、台湾、广东和广西沿海。

图 2-56　杂色琵琶螺

（2）长琵琶螺[*Ficus gracilis*（Sowerby）]（图2-57）：壳较细长，呈琵琶状，黄褐色并有呈波纹状的褐色纵走花纹。螺层约6层，螺旋部稍突出。体螺层极膨大且长。壳面具低平而整齐的螺肋，纵肋细弱，两种肋纹交织形成小方格状。壳口狭长，内面呈浅蓝褐色。外唇较厚，内唇弯曲。前沟长，半管状。无厣。见于我国福建以南沿海。

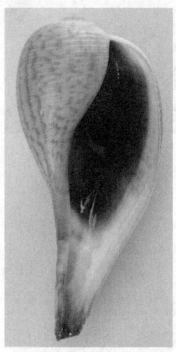

扫一扫　看彩图

图 2-57　长琵琶螺

（二）前鳃亚纲——新腹足目

1. 骨螺科

贝壳呈陀螺形或梭形，螺旋部中等高。壳质结实，壳面具各种结节或棘状突起，前沟长，厣角质、较薄，多为肉食性贝类，大多数为敌害。其代表种如下。

（1）脉红螺[*Rapana venosa*（Valenciennes）]（图2-58）：贝壳大，壳质坚厚，螺层约6层。缝合线浅。螺旋部稍高起，体螺层宽大，壳面密生较低的螺肋，各螺层肩角将螺层分为上下两部分。在肩角上有角状突起，体螺层肩角下部有3或4条具有结节或棘刺状突起的粗螺旋肋。壳面呈黄褐色，具棕色或紫棕色斑点。具假脐，厣角质。黄海、渤海和东海均有分布，肉食性动物，可食用。

（2）疣荔枝螺（*Thais clavigera* Kuster）（图2-59）：壳质坚厚。螺层约6层，缝合线浅，在每螺层的中部均有一环列明显的疣状突起，在体螺层上有5列突起，以上方两列最粗强。壳表密布细的螺肋和生长纹，壳面呈灰绿色或黄褐色。壳口内面呈淡黄色，有大块的黑色或褐色斑。外唇薄，边缘有明显肋纹；内唇光滑。前沟短，厣角质。见于我国沿海，肉食性贝类，为贝类养殖的敌害。

扫一扫 看彩图

图 2-58　脉红螺

扫一扫 看彩图

图 2-59　疣荔枝螺

（3）瘤荔枝螺[*Thais bronni*（Dunker）]（图 2-60）：螺层约 6 层。缝合线较浅。每螺层均具有两列大的瘤状突起，一列位于螺层的中部，另一列紧靠缝合线的上方。这个瘤状突起在体螺层有 4 列，以上方第一列最发达，其他各列顺序缩小，每一列约有 8 个突起。壳面密生微细的螺纹及明显的纵走生长纹。外唇边缘随壳面的雕刻形成缺刻。厣角质。为东海习见种。

（4）浅缝骨螺（*Murex trapa* Röding）（图 2-61）：螺层约 8 层，缝合线浅。每螺层有 3 条纵肿肋。螺旋部各纵肿肋的中部有一尖刺；体螺层的纵肿肋上具有 3 枚长刺，其间有的还具一枚短刺。体螺层纵肿肋之间有 5～7 条细弱的肿肋。壳面的螺肋细而高起。壳表面呈黄灰色或黄褐色。前沟很长，几乎呈封闭的管状，其上尖刺通常不超过前沟长度的 1/2。

扫一扫 看彩图

图 2-60 瘤荔枝螺

厣角质。暖海性种类，生活于数十米深的泥沙质海底，为海底拖网习见种。分布于我国浙江以南沿海，日本也有分布。

扫一扫 看彩图

图 2-61 浅缝骨螺

（5）大棘螺[*Chicoreus ramosus*（Linnaeus）]（图 2-62）：贝壳大、厚、重，螺层约 8 层，缝合线浅。每螺层有粗强的分支状棘，壳口边缘纵肋上明显可数的棘有 7～10 条，棘的大小不等。在两个纵肿肋之间有瘤状突起。外唇外缘有强大的齿状缺刻,内唇光滑。前沟粗,呈扁的半管状。前沟右侧通常有 3 条大的棘,靥角质。暖海产,见于我国南海。

扫一扫　看彩图

图 2-62　大棘螺

2. 蛾螺科

壳呈长卵圆形或纺锤形,壳质坚厚。螺旋部短,体螺层膨大,前沟稍长或短而成一缺刻。壳面具外皮,有螺肋和结节突起,靥角质。其代表种如下。

(1) 皮氏蛾螺[*Volutharpa ampullacea perryi*(Jay)](图 2-63):壳卵圆形。螺层约 6 层,螺旋部短小。体螺层极膨大。壳面有纵横交叉的细线纹,线纹在次体螺层以下逐渐不明显。壳表呈黄白色,外表被 1 层黄褐色或黑褐色的壳皮,壳皮上排列着细密的茸毛。壳口大,卵圆形。外唇薄,弧形;内唇紧贴于体螺层上。前沟短宽。具假脐。无靥。生活在浅海泥沙质海底。见于我国黄海、渤海,日本也有分布。肉质肥,供食用。

图 2-63　皮氏蛾螺

(2) 香螺(*Neptunea cumingi* Crosse)(图 2-64):贝壳大,呈纺锤形,约 7 个螺层,

缝合线明显。每螺层壳面中部和体螺层上部扩张形成肩角。在基部数螺层的肩角上具有发达的棘状或翘起的鳞片状突起，整个壳面具有许多细的螺肋和生长纹。壳表呈黄褐色，被有褐色壳皮。壳口大，卵圆形。外唇弧形，简单；内唇略扭曲。前沟较短宽，前端多少向背端弯曲。厣角质。产于我国东南沿海，肉质肥美，可食用。

图 2-64　香螺

（3）方斑东风螺[*Babylonia areolata*（Link）]（图 2-65）：壳近长圆形，螺层约 8 层。各螺层壳面较膨圆，在缝合线的下方形成一狭而平坦的肩部。壳面光滑，生长纹细密。壳面被黄褐色壳皮，壳皮下面呈黄白色，并且有长方形黄褐色斑块。斑块在体螺层有 3 横列，以上方的 1 列最大。外唇薄，内唇光滑并紧贴于壳轴上。脐孔大而深。绷带紧绕脐缘。厣角质。产于我国东南沿海，肉质肥美，可食用。

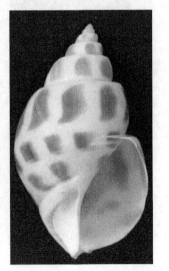

图 2-65　方斑东风螺

（4）泥东风螺[*Babylonia lutosa*（Lamarck）]（图 2-66）：螺层约 9 层。缝合线明显。基部 3 或 4 螺层各在上方形成肩角。肩角的下半部略直。壳面光滑。外唇薄；内唇稍向外反折。前沟短而深，呈"V"形；后沟为一小而明显的缺刻。绷带宽而低平。脐孔明显，有的被内唇掩盖。厣角质。分布于我国东海和南海。

扫一扫 看彩图

图 2-66　泥东风螺

3. 盔螺科

壳呈梨形或盔形，有时很大，通常具有结节的肩角。壳口稍宽大，前沟或长或短，壳轴无褶襞。具厣，足大，水管长。其代表种如下。

管角螺[*Hemifusus tuba*（Gmelin）]（图 2-67）：螺层约 8 层。缝合线深，呈不整齐的沟状。体螺层相当膨大。每螺层的壳面中部扩张形成肩角。肩角以上半部壳面倾斜，下半部相当直。肩角上通常有 10 个发达的角状突起。壳表被有茸毛的褐色外皮。壳口大，外唇较薄，内唇紧贴于壳轴上，前沟较长。厣角质。产于我国东南沿海，肉供食用。

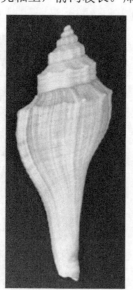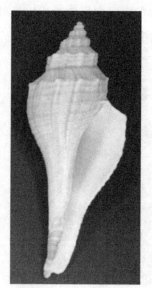

图 2-67　管角螺

4. 织纹螺科

壳小型，内唇光滑或有硬结节，外唇常具齿。厣角质，边缘有齿状突起。其代表种如下。

（1）习见织纹螺[*Nassarius festivus*（Powys）]（图 2-68）：壳呈长卵圆形，螺层约 8 层。缝合线深。壳顶光滑。其余螺层表面具发达而稍斜行的纵肋，这种纵肋在体螺层上有 9～12 条。螺肋明显，和纵肋互相交叉，使纵肋上面形成明显的粒状突起。壳面呈黄褐色或黄色，具有褐色色带。外唇薄，内缘具数枚粒状齿；内唇向外延伸遮盖脐带。前沟短而深，后沟不明显。厣角质。为我国沿海习见种。

图 2-68　习见织纹螺

（2）疣织纹螺[*Nassarius papillosus*（Linnaeus）]（图 2-69）：贝壳近锥形，壳质坚厚。螺层约 8 层，缝合线明显。壳面具发达的横列疣状突起。这种突起在体螺层上有 8 列，每列约 16 个，在次体螺层有 4 列，其余各层通常为 3 列。壳表呈白色，杂有褐色污斑。壳顶呈紫红色。外唇外缘有 6～8 枚明显的棘刺，内唇光滑，紧贴于壳轴上。前沟深，后沟小。绷带宽而低，其上刻有线纹。暖水性种类，产于我国西沙群岛和海南南部。

图 2-69　疣织纹螺

（3）红带织纹螺[*Nassarius succinctus*（A. Adams）]（图 2-70）：螺层约 9 层，缝合线

明显。近壳顶数螺层均有明显的纵肋和极细的螺肋，其他螺层上纵肋和螺肋不明显。壳面较光滑。通常只在缝合线紧下方有 1 条，在体螺层的基部有 10 余条螺旋形沟纹，体螺层有 3 条红褐色色带，并有 6 或 7 条肋纹。厣角质。为我国沿海习见种。

扫一扫 看彩图

图 2-70　红带织纹螺

5. 榧螺科

壳呈柱形或纺锤状。壳面光滑，有光泽，色泽美丽多变。厣或有或无，齿舌多变化。其代表种如下。

伶鼬榧螺（*Oliva mustelina* Lamarck）（图 2-71）：壳呈长卵形，螺旋部略高出壳顶。缝合线明显。壳面光滑，有光泽。壳表呈淡黄色或灰黄色，布有许多波浪形纵走的褐色花纹。壳口相当长，几乎占贝壳的全长。外唇直而边缘略厚，内唇褶一般为 20 个。见于我国南海至海南北部。

扫一扫 看彩图

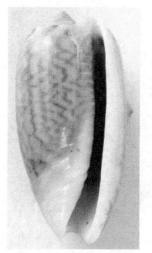

图 2-71　伶鼬榧螺

6. 笔螺科

壳呈纺锤形或毛笔头形，结实，壳顶尖，壳口稍狭，壳轴常具数个褶皱，无厣。齿舌多变。其代表种如下。

中国笔螺（*Mitra chinensis* Griffith et Pidgeon）（图 2-72）：贝壳纺锤形。螺层约 10 层。缝合线细，明显。螺旋部高。各螺层宽度增加均匀。体螺层中部稍膨胀，至基部收窄。壳顶部数螺层和体螺层的基部刻有螺旋形沟纹，其余各螺层壳面均较光滑，略可辨出丝状生长纹，壳表呈黑灰褐色。外唇简单，内唇中部有 3 或 4 个褶襞。我国青岛以南沿海地区均有分布。

扫一扫　看彩图

图 2-72　中国笔螺

7. 涡螺科

贝壳形状有变化，呈卵圆形、柱状或纺锤形。壳顶通常呈乳头状，螺轴具数个褶襞。前沟不延伸，常呈缺刻状。其代表种如下。

瓜螺[*Melo melo*（Lightfoot）]（图 2-73）：俗称油螺。贝壳大，近圆球状。螺旋部小。体螺层极膨大。壳面较光滑，呈橘黄色，间杂有棕色斑块，被有薄的污褐色壳皮。壳口大，呈卵圆形。外唇薄，弧形；内唇扭曲，下部具 4 个强大的褶襞，滑层紧贴于体螺层上，前沟较宽，足大，无厣。见于我国台湾、福建、广东沿海。其卵群俗称海菠萝。肉肥大，可食用。

8. 竖琴螺科

壳呈卵圆形，螺旋部较低小，体螺层膨大。壳口宽大，壳面有整齐的纵肋，纵肋在肩部常特别高起。外唇简单，内唇在前方常形成肿胀。无厣。足大，有横沟。暖海产。其代表种如下。

竖琴螺（*Harpa conoidalis* Lamarck）（图 2-74）：俗称蜀江螺。贝壳卵圆形，具美丽花纹。螺层约 7 层。缝合线不明显。螺旋部低小，呈锥形。体螺层膨圆。在每螺层的上方形

扫一扫 看彩图

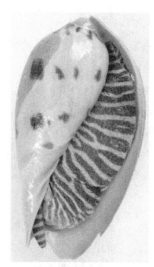

图 2-73　瓜螺

成一明显的肩部。除胚壳外，整个壳面有发达而排列较稀的粗纵肋。纵肋在体螺层有 12～14 条，并在肩角和体螺层的基部扭曲，在肩部形成小的角状突起。壳面呈肉色，染有白色和褐色云斑。外唇厚，内唇稍扭曲。无厣。生活在低潮线以下泥沙质海底。见于我国台湾和广东沿海。

扫一扫 看彩图

图 2-74　竖琴螺

9. 芋螺科

壳呈锥形或纺锤形。眼位于触角外侧的中部。外套膜开口为线状，水管相当长。主要分布于南海。其代表种如下。

（1）信号芋螺（*Conus litteratus* Linnaeus）（图 2-75）：壳顶低矮，略高出体螺层。缝合线浅，细线状。肩部平坦。在肩部与缝合线之间有 1 条浅沟。壳面呈瓷白色，满布排列整齐的方形或长方形的褐色斑点，这种斑点在体螺层上约有 19 横列。壳表被黄色壳皮。

壳口狭长，内面呈瓷白色。暖水性种类，生活在低潮线附近及 10m 水深的沙滩上或珊瑚礁。见于我国台湾和东、西沙群岛。

图 2-75　信号芋螺

（2）线纹芋螺（*Conus striatus* Linnaeus）（图 2-76）：壳顶稍高起。螺旋部呈低圆锥形。缝合线浅。缝合线与肩部之间形成 1 个狭小的阶梯状平面。在缝合线与体螺层之间则呈浅的凹沟状。体螺层肩部和基部收缩。除在体螺层基部有 10 余条不发达的螺肋外，其余壳面光滑。壳顶呈淡粉红色，螺旋部具火焰状紫褐色花纹，体螺层有断断续续的紫褐色花纹和分布不均匀的三角形斑纹。壳口狭长，前沟短。暖海性种类，为我国台湾、海南和西沙群岛习见种。

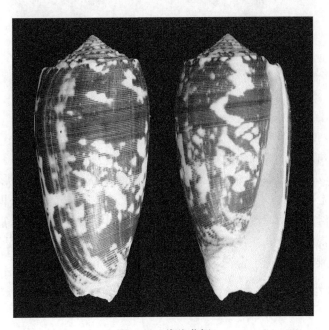

图 2-76　线纹芋螺

10. 塔螺科

壳呈纺锤形，螺旋部高，尖塔状。壳口狭长，外唇薄，靠边缘后方有缺刻。具前沟。其代表种如下。

爪哇拟塔螺[*Turricula javana*（Linnaeus）]（图2-77）：贝壳呈纺锤形。螺层约11层。螺旋部高。每螺层中部壳面突出形成肩角，把壳面分成上下两部分。壳面上半部通常光滑，但缝合线下方有两条明显的螺肋，壳面下半部具有许多大小不均的螺肋。在每螺层的肩角上具有许多纵斜排列的结节。生长线明显。壳口小。外唇边缘后端有一较深的缺刻。前沟延长。生活在10m至近百米水深的泥沙质海底。为东海、南海习见种。

扫一扫　看彩图

图2-77　爪哇拟塔螺

11. 笋螺科

壳呈长锥形，螺旋部极高，螺层数目极多。壳口小，头较大，足小，眼位于触角的顶端。水管长，有角质厣。其代表种如下。

双层笋螺[*Duplicaria duplicata*（Linnaeus）]（图2-78）：壳呈长锥形，螺层约19层。在每螺层壳面的上部刻有一条比缝合线稍深的螺沟，将壳面分为上、下两层。整个壳面还有排列整齐而光滑的纵肋，在体螺层上通常有28条。壳表呈黄褐色，富有光泽。基部各螺层常有粗大的褐色斑点。在体螺层中部有一条白色环带。壳口内面呈褐色。内唇扭曲。栖息于潮间带沙滩上，习见于台湾、广东和海南沿海。

（三）后鳃亚纲——头楯目

1. 阿地螺科

贝壳通常完全外露，螺旋部不突出。足有发达的侧叶头。头楯大，呈拖鞋状。

图 2-78 双层笋螺

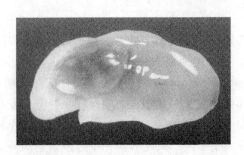

图 2-79 泥螺

泥螺[*Bullacta exarata*（Philippi）]（图 2-79）：俗称吐铁，又称麦螺、梅螺、黄泥螺等。贝壳呈卵圆形，薄脆，白色，非常膨大。无螺层，无脐，自身旋转。壳口广阔，其长度和贝壳的长度几乎相等，前端宽大，后端（即壳顶）缩小，上部较下部狭，外缘简单锋利。外唇后部超过壳顶。螺轴平滑，略透明。在贝壳的外表面可以看到许多细纹，即生长线，壳口的内面光滑。壳面被褐色外皮覆盖。贝壳不能完全包裹软体部，后端和两侧分别被头盘的后叶片、外套膜侧叶及侧足的一部分所遮盖，只有贝壳的中央部分裸露。足发达。齿舌具一中央齿，侧齿呈镰刀状。广泛分布于我国南北沿海。

2. 壳蛞蝓科

贝壳被外套膜完全遮盖在内，薄，稍呈螺旋形。侧足厚。头盘大，厚而简单。胃部具强有力的胃板。齿舌无中央齿。其代表种如下。

经氏壳蛞蝓（*Philine kinglipini* Tchang）（图 2-80）：贝壳长卵圆形，薄而脆，完全被外套膜遮盖。具有 2 个螺层。体螺层大，几乎占贝壳的全部。生长纹明显，与许多螺旋状弯曲的细沟相交而成织布纹状。壳面呈白色或黄白色。壳口大。齿舌具中央齿。足发达，侧足狭而肥厚，反折于背上及两侧。生活在潮间带泥沙滩上，匍匐爬行，广泛分布于我国黄海、渤海及东海。以贝类为食，为贝类养殖的敌害。

扫一扫　看彩图

图 2-80　经氏壳蛞蝓

3. 海兔科

贝壳多退化，小，一般不呈螺旋状，部分埋在外套膜中或为内壳。无头盘，头部有触角 2 对。侧足较大，或多或少反折于背方。侧脏神经连索长。

蓝斑背肛海兔（*Notarchus leachii cirrosus* Stimpson）（图 2-81）：体中等大，胴部非常膨胀，前后两端削尖，略呈纺锤形。头颈部明显。头触角粗大，嗅角较小。侧足发达，两侧足的前端分离，后端愈合，形成一个背裂孔和特殊的腔。本鳃大，呈扇形。贝壳完全消失。体色呈黄褐色或青绿色，背面被有许多大小不同的突起和黑色细点及蓝色斑点。分布于我国东南沿海，栖息在潮下带的海滩，已进行养殖，其卵群可作清凉剂。

（四）肺螺亚纲——基眼目

1. 菊花螺科

贝壳和内脏均为锥形，似笠贝，有两栖性质，营水中呼吸，二次性鳃位于外套腔内面。其代表种如下。

日本菊花螺[*Siphonaria japonica*（Donovan）]（图 2-82）：贝壳及内脏均为锥形，形似笠帽贝。壳质厚。壳顶稍近中央。自壳顶向四周发出粗细不等的放射肋。壳面黄褐色，内面黑褐色，具瓷质光泽。壳内面有与壳表面放射肋相应的放射沟。营两栖生活，我国沿海潮间带均有分布。

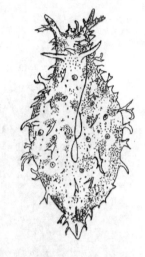

图 2-81　蓝斑背肛海兔

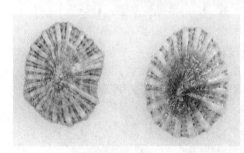
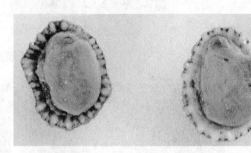

图 2-82　日本菊花螺

2. 椎实螺科

贝壳较薄，稍透明，一般右旋，也有左旋者，螺旋部较矮。无厣，触角扁平，三角形。眼位于触角基部内侧，唇齿尖锐。生活在淡水中。其代表种如下。

椭圆萝卜螺[*Radix swinhoei*（H. Adams）]（图 2-83）：贝壳薄，外形椭圆形。螺层 3 或 4 层。体螺层较长，不膨大。壳口长圆形，不向外扩张，上部狭长、向基部逐渐宽大。外唇简单，锐利易碎；内唇厚，上部贴于体螺层上，下部形成皱褶，有时扭转。脐孔不明显或呈缝状。壳表呈黄绿色、淡棕色。生长纹明显。生活在静水稻田、池塘、沟渠等处，是肝片吸虫及其他多种吸虫的中间宿主。我国华东和华南地区广泛分布。

3. 玛瑙螺科

贝壳通常呈卵圆形，壳质较厚。壳面常有暗色色带。中央齿狭长，侧齿有变，有时具附属齿，缘齿有附属齿。其代表种如下。

褐云玛瑙螺（*Achatina fulica* Bowdich）（图 2-84）：贝壳呈长圆形。螺层 5～8 层。螺旋部低，体螺层膨大。壳面布有焦褐色花纹。壳口卵圆形，内唇贴于体螺层上形成"S"形。唇缘内折，无脐孔。是我国最大的陆生腹足类动物。

4. 蜗牛科

壳形多变，呈盘形或锥形。壳口无突起，壳面常有彩色色带。生殖器官特殊，有恋矢囊，内有石灰质的恋矢，以及圆形或棒状的黏液腺，阴茎常有鞭状器。

扫一扫　看彩图

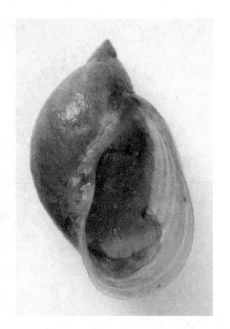

图 2-83　椭圆萝卜螺

扫一扫　看彩图

图 2-84　褐云玛瑙螺

同型巴蜗牛[*Bradybaena similaris*（Ferussac）]（图 2-85）：贝壳呈扁球形，有 5 或 6 层螺层。壳面有细的生长线，贝壳呈黄褐色、红褐色或梨黄色。在体螺层周缘和缝合线上，常有一条暗褐色色带，但有些个体无。壳口呈马蹄形。脐孔呈圆孔状，小而深。生活在潮湿的草丛、田埂、乱石中。我国南北均产。

图 2-85　同型巴蜗牛

三、作业

写出所观察贝类的分类地位（纲、亚纲、目、科、属、种）。

实验十　瓣鳃纲古列齿亚纲、翼形亚纲的分类

一、实验目的

通过学习瓣鳃纲的分类，初步掌握其分类方法，认识常见经济种类，熟记分类术语。

二、观察瓣鳃纲的外部形态及分类的主要依据和术语

（一）瓣鳃纲的外部形态

瓣鳃纲贝壳的各部分模式图见图 2-86。

（二）瓣鳃纲的分类术语

1. 壳顶

贝壳背面一特别突出的小区称为壳顶（beak，umbo），它是贝壳中最老的部分。壳顶偏前者称为前顶（prosogyrate），壳顶偏后者称为后顶（opisthogyrate），壳顶位于壳的中央者称为中顶（orthogyrate）。

2. 左右对称和左右不对称

左右对称（equivalve or bilateral symmetry）即左右两壳的大小、形状相同；左右不对称（inequilateralis）即左右两壳的大小、形状不同。

3. 等侧和不等侧

等侧又名两侧相等（equilateralis），即壳顶位于中央，壳前后对称；不等侧又名两侧不等（inequilateralis），即壳顶不在中央，壳前后不对称。

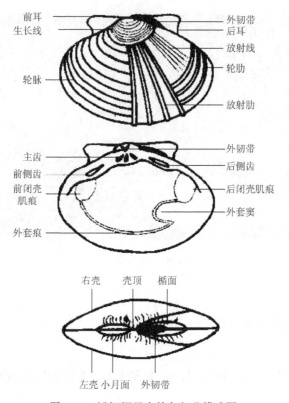

图 2-86　瓣鳃纲贝壳的各部分模式图

4. 小月面和盾面

壳顶前方有一个小凹陷，一般为椭圆形或心脏形，称为小月面（lunula）。壳顶后方与小月面相对的一面也有一个浅凹陷，称为盾面（escutcheon）。

5. 生长线和放射肋

在壳外面有以壳顶为中心呈同心圆排列的线纹（concentric line），称为生长线（growth line）。生长线有时突出，生出鳞片或棘刺状突起。放射肋（radial rib）是以壳顶为起点向腹缘伸出的许多放射状的肋，肋上有的有鳞片、小结节或棘刺状突起。放射肋之间的沟称为放射沟。

6. 铰合部

左右两壳相结合部分称为铰合部（hinge）。铰合部位于背缘，该部分较厚。铰合部的内方通常有齿和齿槽。当贝壳闭合时，齿和齿槽在一定的位置上组合在一起，根据铰合齿的数量，形状可分为下列几种类型：列齿型，齿多成列；异齿型，齿形变化大，典型种类有主齿和侧齿之分，位于壳顶下方的齿称为主齿（cardinal tooth），主齿前方的齿称为前侧齿（anterior lateral tooth），主齿后方的齿称为后侧齿（posterior lateral tooth）；裂齿型，铰合齿分裂或者形成位于壳顶的拟主齿（pseudocardinal tooth），主齿呈片状；带齿型，铰合部有一突起物与韧带相连，不对称，右壳有一窝，左壳有一突起；等齿型，左右两壳铰合齿数相等；贫齿型，铰合齿不发达；无齿型，铰合部无齿。

7. 韧带

韧带（ligament）是铰合部连接两壳并且有开壳作用的褐色物质，角质构造，有弹性，由于韧带的部位和数量不同，常有以下几个术语：后韧带，韧带位于壳顶的后方；双韧带，韧带在壳顶前后方均有；多韧带，由许多韧带构成；无韧带，没有韧带；内韧带，韧带在壳顶内部，铰合部中央；外韧带，韧带只分布在壳的外面；半内韧带，一部分为内韧带，另一部分为外韧带。

8. 外套痕和外套窦

外套膜环肌在贝壳内面留下的痕迹称为外套痕（pallial impression）。水管肌在贝壳内面留下的痕迹称为外套窦（pallial sinus）。

9. 闭壳肌痕和足肌痕

闭壳肌痕（adductor scar）是闭壳肌在贝壳内面留下的痕迹。等柱类（isomyarian）即前后有两个等大闭壳肌的种类，在贝壳内面留下两个等大的闭壳肌痕，一个称为前闭壳肌痕（anterior adductor scar），位于口的前方背侧，另一个称为后闭壳肌痕（posterior adductor scar），位于肛门的前方腹侧。异柱类（anisomyarian）的前闭壳肌痕小，后闭壳肌痕大。单柱类（monomyarian）只有一个后闭壳肌痕，前闭壳肌痕退化消失。足肌痕分前后两种，前足肌痕多在前闭壳肌附近，后足肌痕多在后闭壳肌的背侧。

10. 前耳和后耳

壳顶前后方突出的部分称为耳。位于壳顶前方的称为前耳（anterior auricle），位于壳顶后方的称为后耳（posterior auricle）。

11. 栉孔

为扇贝类所特有。它是右壳前耳基部的一个缺刻，是足丝伸出的孔，称为足丝孔（byssal opening）。在缺刻的腹缘有栉状小齿，故名栉孔。

12. 副壳

某些两壳不能完全闭合，外套膜特别封闭且有水管的种类，它们常在壳外突出部分产生副壳。有的副壳不属于贝壳而独立存在，也有的副壳在贝壳相互愈合而连成一个壳。

13. 贝壳的方向

壳顶尖端所向的一面通常称为前方。多数瓣鳃纲由壳顶至贝壳两侧距离短的一面为前面；一般有 1 个韧带的一面或有外套窦的一面为后面。单柱类闭壳肌痕所在的一侧为后面。

14. 壳高、壳长和壳宽

一般由壳顶至腹缘的距离称为壳高（贻贝背腹距离较高）。壳长为贝壳前端至后端的距离。壳宽是左右两壳间最大的距离。

15. 鳃原始型

这种类型鳃的构造与腹足类羽状本鳃一样，鳃轴两侧各有一行接近三角形的鳃，这种类型的鳃称为原始型（protobranchia）。

16. 丝鳃型

鳃叶延长成丝状，每侧的鳃是由两列彼此分离的鳃丝或者依靠纤毛形成的丝间连接（inter filamental junction）相连，均为丝鳃型（filibranchia）。进化水平高的种类各鳃瓣向上反折，形成上行板和下行板，板间连接（interlamellar junction）由结缔组织或血管相连系。

17. 真瓣鳃型

该类型外鳃瓣上行板的游离缘与外套膜内面相愈合,内鳃瓣上行板的前部游离缘与背隆起侧面相愈合,后部的游离缘通常为两侧瓣鳃上行板相互愈合。这种类型的鳃不仅板间连接是用血管相连系,同列鳃丝也与血管相连,称为真瓣鳃型(eulamellibranchia)。

18. 隔鳃型

这种类型的鳃是由身体每侧的两片鳃瓣相互愈合且大大退化形成的。它在外套腔中形成一个肌肉性的有孔的隔膜,真正营呼吸作用的是内表面,称为隔鳃型(septibranchia)。

19. 外套膜简单型

左右两外套膜仅在背部相互愈合,在前缘、腹缘和后缘完全游离。此种类型的外套膜称为简单型。

20. 外套膜二孔型

左右两外套膜除在背部相愈合外,在外套膜后部尚有一个愈合点形成鳃足孔和出水孔,称为二孔型(bifora)。

21. 外套膜三孔型

在二孔型基础上,还有一个愈合点,也就是在第一愈合点的腹前方还有第二愈合点,将鳃足孔分开,前方的一个为足孔,后方的一个为入水孔,称为三孔型(trifora)。

扫一扫 看彩图

图2-87　奇异指纹蛤

22. 外套膜四孔型

在三孔型的基础上进一步又有一个愈合点,称为四孔型(quadrifora)。

三、标本观察

1. 胡桃蛤科

左右壳对称,壳较小,呈卵圆形,壳能完全闭合,壳被外皮。壳顶至前端的距离比至后端的距离长,背缘有棱角,壳顶向后方弯曲,铰合部多齿,内韧带小,在中央。其代表种如下。

奇异指纹蛤[*Acila mirabilis*(Adams et Reeve)](图2-87):贝壳呈三角卵圆形,前端圆,后端截形。壳皮呈绿褐色。壳面布满自壳顶向两侧放射出呈"人"形细密的肋。壳顶向后方有宽而隆起的龙骨,铰合齿为列齿型。为黄海、渤海和东海习见种。

2. 蚶科

两壳相等或不等,被壳皮,多呈绒毛状,外韧带附于一平面上或位于韧带槽中,铰合部直或略呈弧形,具有很多短或片状的齿。齿同形或前后端有差异。足宽大,无水管,唇瓣简单。其代表种如下。

(1)泥蚶[*Tegillarca granosa*(Linnaeus)](图2-88):贝壳坚厚,呈卵圆形,两壳相等。壳顶突出,尖端向内卷曲,位置偏于前方。壳表放射肋发达,18～20条,肋上具显著的颗粒状结节。壳表呈白色,被褐色壳皮。双韧带,韧带面宽,呈箭头状。铰合部直,齿多而细密。生活在潮间带至浅海的软泥质或泥沙质海底。我国南北沿海均产。

图 2-88　泥蚶

（2）毛蚶[*Scapharca kagoshimensis*（Tokunaga）]（图 2-89）：俗称瓦楞子或毛蛤。贝壳中等大小，壳质坚厚，壳膨胀、呈长卵形，两壳不等，右壳稍小于左壳。壳面放射肋突出，共有 30～34 条。肋上具有方形小结节，此结节在左壳尤为明显。壳面被有褐色绒毛状的壳皮，故名毛蚶。生活于浅海泥沙质海底，分布于我国沿海。

图 2-89　毛蚶

（3）魁蚶[*Scapharca broughtonii*（Schrenck）]（图 2-90）：贝壳大，斜卵圆形，极膨胀，左右两壳稍不相等，壳顶膨胀突出，放射肋宽，平滑无明显结节，42～48 条。壳面被棕色壳皮。壳内呈白色，铰合部直，铰合齿 70 枚。生活在潮间带至浅海软泥或泥沙质海底。分布于我国黄海、渤海和东海。

图 2-90　魁蚶

（4）橄榄蚶[*Estellarca olivacea*（Reeve）]（图2-91）：壳小，呈长卵圆形，两壳相等。壳表极凸，壳高与壳宽略等。韧带面呈梭状。壳表呈白色，被橄榄色外皮。生长线明显。放射肋细而密。放射线与生长线相交呈布纹状。壳内呈灰白色，有与壳表放射肋相当的细纹。铰合部微弯。具齿35枚。前后闭壳肌痕呈四方形。生活在浅海泥沙滩，我国山东沿海有产。

图 2-91　橄榄蚶

3. 贻贝科

体对称，两壳同形，铰合齿退化，或成结节状小齿。壳皮发达。后闭壳肌巨大，前闭壳肌退化或没有。足小，以足丝附着于外物上生活。其代表种如下。

（1）紫贻贝（*Mytilus galloprovincialis* Lamarck）（图2-92）：壳呈楔形，前端尖细，壳顶近壳的最前端。壳长不及壳高的两倍。壳腹缘直，背缘呈弧形，后缘圆而高。壳皮发达，壳表呈黑褐色或紫褐色，生长纹细而明显。自然分布于我国黄海、渤海。

（2）翡翠贻贝[*Perna viridis*（Linnaeus）]（图2-93）：贝壳较大，长度约为高度的两倍，壳顶喙状，位于贝壳的最前端。腹缘直或略弯。壳面前端具有隆起肋。壳表呈翠绿色，前半部常呈绿褐色。见于我国东海南部和南海。

图 2-92　紫贻贝　　　　　　　图 2-93　翡翠贻贝

（3）厚壳贻贝（*Mytilus coruscus* Gould）（图2-94）：贝壳大，长为高的两倍，为宽的三倍左右。壳呈楔形，壳质厚。壳顶位于壳的最前端，稍向腹面弯曲，常磨损呈白色。贝壳表面由壳顶向后腹部分极凸，形成隆起面。左右两壳的腹面部分突出形成一个棱状面。壳皮厚，呈黑褐色，边缘向内卷曲成一镶边。贝壳内面呈紫褐色或灰白色，具珍珠光泽。自然分布于我国黄海、渤海和东海。

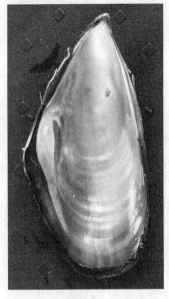

图 2-94 厚壳贻贝

（4）凸壳肌蛤[*Musculus senhousia*（Benson）]（图 2-95）：又称寻氏肌蛤，两壳左右对称，薄而小，略呈三角形，壳长约为壳高的两倍，壳顶近壳前端，腹缘较直，至中后部则稍向内凹。背缘韧带部直，斜向后上方，约近壳的后半部则成弧形斜下。贝壳后缘圆，壳面前端具有隆起，壳表被以黄色或淡绿色的外皮。在隆起的背面，自壳顶始至后缘具有许多细的淡褐色放射线。产于我国南北沿海。

图 2-95 凸壳肌蛤

（5）光石蛏[*Lithophaga teres*（Philippi）]（图 2-96）：贝壳细长，略呈圆柱状。壳质薄。壳前端圆而后端扁。壳顶略呈螺旋状，偏于背缘而不位于壳的最前端。近腹缘的壳面上，自壳顶斜向腹缘末端具有许多垂直于生长纹的纵肋。壳表呈栗褐色，具光泽。壳顶常磨损，呈白色。生长纹细密不均匀。贝壳内面呈灰蓝色，具珍珠光泽。铰合部无齿。分布于我国南海，穴居在石灰石、贝壳及珊瑚礁中，对港湾建筑和珍珠贝的养殖有害。

图 2-96 光石蛏

4. 丁蛎科

左右两壳不相等，壳形不甚规则，多具前后耳。铰合部长，无齿。韧带短，三角形。其代表种如下。

丁蛎[*Malleus malleus*（Linnaeus）]（图 2-97）：壳顶呈"丁"字形，壳形及壳色有变化，多数呈乳白色，少数为褐色，也有介于乳白色和褐色之间者，壳形多变，有正"丁"字形、歪"丁"字形，也有半"丁"字形，贝壳内面珍珠质部分较少。闭壳肌痕呈长椭圆形。铰合部只有 1 个韧带沟。有足丝。分布于我国广东和广西沿海。

扫一扫　看彩图

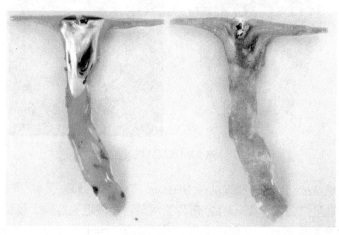

图 2-97　丁蛎

5. 珍珠贝科

两壳不等或近相等，左壳稍突起，右壳较平，通常具有足丝开孔，壳顶前后通常具耳，后耳较前耳大。贝壳表面通常有鳞片。铰合部直，韧带很长，铰合部在壳顶下面有 1 或 2 个主齿。闭壳肌痕一个，位于壳中央。其代表种如下。

（1）合浦珠母贝[*Pinctada martensii*（Dunker）]（图 2-98）：又名马氏珠母贝。两壳显著隆起，左壳略比右壳膨大，后耳突较前耳突大。同心生长线细密，腹缘鳞片伸出呈钝棘状。贝壳内面为银白色带光泽的珍珠层，为当前养殖珍珠的主要珠母贝。见于我国东海和南海。

扫一扫　看彩图

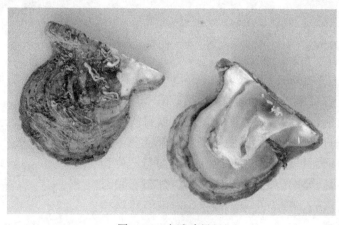

图 2-98　合浦珠母贝

（2）大珠母贝[*Pinctada maxima*（Jameson）]（图 2-99）：又名白碟贝，为本属中最大型者，壳高可达 30cm 以上。壳坚厚，扁平呈圆形，后耳突消失成圆钝状，前耳突较明显。成体没有足丝。壳面较平滑，呈黄褐色；贝壳内面珍珠层呈银白色，边缘呈金黄色或银白色。见于我国台湾、海南、西沙群岛和雷州半岛西部沿海。

图 2-99　大珠母贝

（3）珠母贝[*Pinctada margaritifera*（Linnaeus）]（图 2-100）：又名黑碟贝，贝壳体形似大珠母贝，但较小。壳面鳞片覆瓦状排列，呈暗绿色或黑褐色，间有白色斑点或放射带。贝壳内面珍珠光泽强，呈银白色，周缘呈暗绿色或银灰色。暖海性种类，见于我国广东、广西和西沙群岛一带。

（4）企鹅珍珠贝[*Pteria*（*Magnavicula*）*penguin*（Röding）]（图 2-101）：贝体呈斜方形，后耳突出成翼状，左壳自壳顶向后腹缘隆起。壳面呈黑色，被细绒毛。贝壳内面具珍珠层，呈银白色，具彩虹光泽。多分布于我国广东沿海，特别是海南周围稍深的海底。

6. 江珧科

两壳等大，大型，壳薄脆，壳前端尖细，后端截形，开口广。壳表具有放射肋，肋上有各种形状的小棘。铰合部长，线形，占背缘全长，无铰合齿。前闭壳肌痕小，位于壳顶下方；后闭壳肌痕大，近于贝壳中央。其代表种如下。

图 2-100　珠母贝

扫一扫　看彩图

图 2-101　企鹅珍珠贝

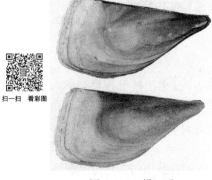
扫一扫　看彩图

图 2-102　栉江珧

（1）栉江珧（*Atrina pectinata* Linneaus）（图 2-102）：在我国北方俗称大海红、海锨，广东称割纸刀，浙江称海蚌。贝壳大，呈三角形，壳顶尖细，背缘直或略凹，自壳顶伸向后端 10 余条较细的放射肋，肋上具有斜向后方的三角形小棘。韧带发达，无铰合齿。成体多呈黑褐色。分布于我国南北沿海，生活于低潮线以下至水深 20m 的海底。

（2）旗江珧[*Atrina vexillun*（Born）]（图 2-103）：贝壳近卵圆形，壳顶尖细。背缘略呈弓形，腹缘仅在壳顶下方弯入，其后逐渐向外突出形成弧形，壳后缘圆。壳表具黑褐色或紫褐色壳皮，生长线清楚，前闭壳肌痕椭圆形，后闭壳肌痕大，呈马蹄形，位于近贝壳的中部背侧。见于我国南海，肉可食。

扫一扫　看彩图

图 2-103　旗江珧

7. 扇贝科

贝壳呈扇形，壳顶两侧具耳，前后耳同形或不同形。背缘略呈直线，右壳的背缘超出左壳。背缘有壳皮质的外韧带，弹性的内韧带位于壳顶中央韧带槽中。其代表种如下。

（1）长肋日月贝[*Amusium pleuronectes*（Linnaeus）]（图2-104）：贝壳近圆形，两侧相等，前后耳小，大小相等，左右两壳表面光滑。左壳表面呈肉红色，有光泽，具有褐色细的放射线。同心生长线细，壳顶部有花纹。右壳表面呈纯白色，同心生长线比左壳的更细，左壳内面微紫且带银灰色，右壳内面呈白色，放射肋较长，24～29 条。为南海习见种，可食，其闭壳肌加工干品称带子。

图 2-104　长肋日月贝

（2）日本日月贝（*Amussium japonicum formosum* Habe）（图2-105）：贝壳呈圆形，两侧近等，两壳相等，中央部略向外突出，前后两耳较低小，左壳表面呈淡玫瑰色，近壳顶有小斑点，右壳呈白色。两壳具同心生长线，贝壳内面，左壳呈淡咖啡色，右壳呈白色，且具杏黄色边缘，放射肋 36～45 条，近顶部不明显。内韧带呈棕褐色，壳顶两边具有一个突起。广东沿海称飞螺，闭壳肌加工制品称带子。

图 2-105　日本日月贝

（3）栉孔扇贝[*Chlamys*（*Azumapecten*）*farreri*（Jones et Preston）]（图2-106）：贝壳一般呈紫色或淡褐紫色，间杂有黄褐色、杏红色或灰白色。壳高略大于壳长，前耳长度约为后耳的两倍。前耳腹面有一凹陷，形成一孔，即栉孔。在孔的腹面右上端边缘生有小型栉状齿 6~10 枚。具足丝。贝壳表面有放射肋，其中左壳表面主要放射肋约 10 条，具棘，右壳放射肋较多。分布于黄海、渤海。

图 2-106　栉孔扇贝

（4）华贵栉孔扇贝[*Mimachlamys nobilis*（Reeve）]（图 2-107）：壳面呈淡紫褐色、黄褐色、淡红色或具枣红色云状斑纹。壳高与壳长约略相等。放射肋巨大，约 23 条。同心生长线细密，形成相当密而翘起的小鳞片。两肋间夹有 3 条细的放射肋。具足丝孔。暖水性种类，分布于我国东南沿海。

图 2-107　华贵栉孔扇贝

（5）海湾扇贝[*Argopecten irradians*（Lamarck）]（图 2-108）：贝壳大小中等，壳表呈黄褐色，左右壳较突，具浅足丝孔，成体无足丝。壳表放射肋 20 条左右，肋较宽而高起，无棘。生长纹较明显。壳顶近中部，前耳大，后耳小。雌雄同体。自然分布于美国东海岸，于 20 世纪 80 年代引进我国，现已在全国进行了养殖。

图 2-108　海湾扇贝

（6）虾夷扇贝[*Patinopecten yessoensis*（Jay）]（图 2-109）：贝壳大型，壳高可超过 20cm。右壳较突，呈黄白色；左壳稍平，较右壳稍小，呈紫黑色，壳近圆形。壳顶位于中部，两侧前后具有同样大小的耳突。右壳的前耳有浅的足丝孔，壳表有 5～20 条放射肋，右壳肋宽而低矮，肋间狭；左壳肋较细，肋间较宽，有的有网纹雕刻。自然分布于日本和朝鲜，现已引进我国，并已成为北方主要养殖品种。

图 2-109　虾夷扇贝

8. 海菊蛤科

两壳不等，坚厚。右壳较大，常用以附着在岩石上。两壳顶距离较远，铰合部有齿两枚。右壳铰合部后方有一宽大的三角面。壳前后两侧各一韧带。壳面颜色多变，常有强大的棘或其他的突起。其代表种如下。

草莓海菊蛤（*Spondylus fragum* Reeve）（图 2-110）：壳近卵圆形，形如扇贝，壳质坚厚，前后耳相似，左壳突，右壳平，两壳壳顶距离远。右壳壳面呈黄白色，略带紫色花纹，放射肋具有很多大小不等且相间排列的片状或刺状突起，形如菊花瓣；右壳表面呈杏黄色，放射肋纹不明显。铰合线直。贝壳内面呈灰紫色，每壳具强齿两枚，内韧带。分布于我国海南，闭壳肌发达，为制干贝的良种。

图 2-110　草莓海菊蛤

9. 不等蛤科

贝壳通常呈圆形，左右两壳不相等。一般右壳较平，左壳突出。壳质脆而薄，云母状，半透明，壳表生长线细。后闭壳肌发达，位于贝壳中央。其代表种如下。

（1）中国不等蛤（*Anomia chinensis* Philippi）（图 2-111）：又名李氏金蛤。贝壳近圆形或椭圆形，壳质薄脆。左壳大，较突，生活时位于上方；右壳小，较平，生活时位于下方。壳顶不突出，位于背缘中央。壳缘为圆形，常有不规则的波状弯曲。铰合部狭窄，无齿。右壳近壳顶有一卵圆形足丝孔。左壳表面呈白色或金黄色。贝壳内面具珍珠光泽。分布于我国北部沿海。

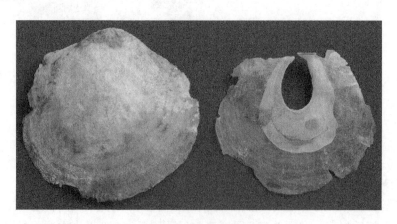

图 2-111　中国不等蛤

（2）海月[*Placuna placenta*（Linnaeus）]（图 2-112）：又称螺贝和明瓦，贝壳呈圆形，极扁平，壳质薄而透明。左壳较突起，右壳平，放射肋及同心生长线都很细密。近腹缘的生长线略呈鳞片状。壳面呈白色。贝壳内面呈白色，且具云母光泽。右壳有两枚齿突，左壳相应部位形成两条凹陷，韧带位于铰合齿和凹陷上。暖海性种类，产于我国东南沿海，肉可食用。

扫一扫 看彩图

图 2-112　海月

10. 牡蛎科

两壳不等，左壳较大，常附于他物上生活。铰合部无齿，有时具结节状小齿。内韧带。闭壳肌痕近中央或后方。外套痕不明显。其代表种如下。

（1）猫爪牡蛎（*Talonostrea talonata* Li et Qi）（图 2-113）：贝壳小而薄。两壳扁平，呈爪状，两壳不等，左壳突出比较明显，右壳较平。右壳表面光滑，无放射肋，无鳞片；左壳表面有数条隆起的放射肋，肋常突出壳缘，形似猫爪。壳面呈黄紫色或紫色，或间杂有白色放射带。贝壳内面呈白色或淡紫色。多附着在潮下带小石块上。分布于黄海，为中国地方种。

扫一扫 看彩图

图 2-113　猫爪牡蛎

（2）太平洋牡蛎[*Crassostrea gigas*（Thunberg）]（图 2-114）：在我国又称长牡蛎，贝壳长形，壳较薄，壳长为壳高的 3 倍左右。右壳较平，鳞片坚厚，环生鳞片呈波纹状，排列稀疏，放射肋不明显。左壳深陷，鳞片粗大。左壳壳顶固着面小。分布于我国北方沿海。

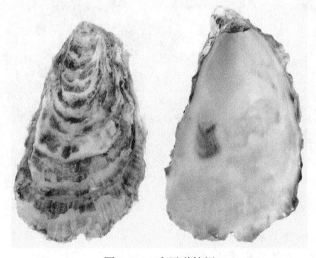

扫一扫 看彩图

图 2-114　太平洋牡蛎

（3）密鳞牡蛎（*Ostrea denselamellosa* Lischke）（图 2-115）：壳厚大，近圆形，壳顶前后常有耳。右壳较平；左壳稍大而凹陷。右壳表面布有薄而细密的鳞片；左壳鳞片疏而粗，放射肋粗大。产于我国南北沿海。

图 2-115　密鳞牡蛎

（4）近江牡蛎[*Crassostrea ariakensis*（Wakiya）]（图 2-116）：隶属于巨牡蛎属，又称近江巨牡蛎。贝壳大型而坚厚。体形多样，有圆形、卵圆形、三角形和延长形。两壳外面环生薄而平直的黄褐色或暗紫色鳞片，随年龄增长而变厚。韧带槽长而宽。广泛分布于我国南北沿海。

图 2-116　近江牡蛎

四、作业

1. 熟记瓣鳃纲的分类术语。
2. 写出所观察贝类的分类地位（纲、亚纲、目、科、属、种）。

实验十一　瓣鳃纲古异齿亚纲、异齿亚纲、异韧带亚纲的分类

一、实验目的

通过学习瓣鳃纲的分类，初步掌握其方法，认识常见经济种类，熟记分类术语。

二、标本观察

1. 蚌科

两壳相等，壳形多变化，铰合部多变化，有时具拟主齿。外韧带。全为淡水性种类。其代表种如下。

（1）背瘤丽蚌［*Lamprotula leai*（Griffith et Pidgeon）］（图 2-117）：俗称猪耳蚌、蹄蚌、麻皮蚌等。壳形较大，壳质厚而坚硬，外形卵圆形。贝类前部短而圆；后部扁而长。背缘略直，至后缘急转直下形成钝角。腹缘呈弧形。壳面呈深褐色或暗灰色，满布瘤状结节，瘤状结节常连成条状，与后缘的肋连接成"人"字形，贝类内面具珍珠光泽。左壳具拟主齿及侧齿各两枚；右壳具拟主齿及侧齿各 1 枚。为我国江河湖泊中的习见种。

图 2-117　背瘤丽蚌

（2）背角无齿蚌［*Anodonta woodiana woodiana*（Lea）］（图 2-118）：贝壳大型，铰合部无齿。左右两壳略膨胀。外形呈卵圆形。贝壳前部钝圆，后部略斜直。腹缘呈一大的弧形。壳顶稍膨胀，位于背缘近前端。壳面光滑。生长纹细密。壳表呈黄绿色或黑褐色，有时具绿色的放射线，贝壳内面呈浅蓝色、橙红色或紫色等光泽。前后闭壳肌痕明显。广泛分布于我国江河、湖泊、沟渠、池塘和水库中，肉可食用。

图 2-118　背角无齿蚌

（3）三角帆蚌［*Hyriopsis cumingii*（Lea）］（图 2-119）：贝壳扁平，大型，外形略呈不等边三角形。前背缘向前缘倾斜，至端部成一尖角，背缘向后背方充分伸展形成一扬起的三角形帆状后翼，腹缘略呈弧形。壳面呈黑色或深褐色。生长纹明显，呈同心圆状排列。三角形翼部之下的后背嵴有数条斜形粗肋。左壳具拟主齿及侧齿各两枚；右壳具两枚拟主齿和一条状的侧齿。贝壳内面呈珍珠光泽。我国的特有种，为育珠的优良品种。

扫一扫　看彩图

图 2-119　三角帆蚌

2. 蚬科

壳坚固，多少膨胀，体形呈球形，外被壳皮，壳面有环沟，每壳具 2 或 3 枚分裂的主齿。外韧带。其代表种如下。

河蚬［*Corbicula fluminea*（Müller）］（图 2-120）：俗称黄蚬。贝壳中等大小。两壳膨胀，壳顶稍偏向前方。前缘圆；后缘稍成角度；背缘略呈"八"字形；腹缘呈半圆形。壳面颜色常因环境的差异而不同。生长纹粗糙。珍珠层呈紫色。铰合部发达。左壳具 3 枚主齿，前后侧齿各 1 枚；右壳具 3 枚主齿，前后侧齿各两枚。广泛分布在我国各省的淡水湖泊、池塘及咸淡水交汇的江河口。

扫一扫　看彩图

图 2-120　河蚬

3. 棱蛤科

两壳相等，前后端延长，背腹距离较短。铰合部有主齿 2 或 3 枚。侧齿 1 枚，或前或后。其代表种如下。

纹斑棱蛤 [*Trapezium liratum*（Reeve）]（图 2-121）：壳近长方形，壳顶低，位于前方。壳顶至后腹角稍隆起，腹缘中央凹下，壳面生长纹粗糙。营足丝附着生活，左右壳各具主齿两枚，侧齿 1 枚。壳表面呈白色，间杂紫色，无放射肋。贝壳内面呈白色、浅橙黄色或紫色。分布于我国黄海、渤海。

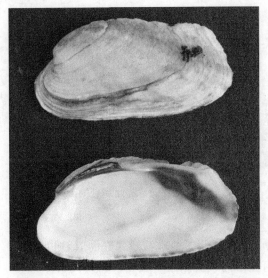

图 2-121 纹斑棱蛤

4. 鸟蛤科

壳呈扇形，或多或少呈心脏形。两壳相等，通常膨胀。壳面有放射肋，壳缘锯齿状。铰合部有主齿 1 或 2 枚，侧齿变化大。其代表种如下。

（1）滑顶薄壳鸟蛤 [*Fulvia mutica*（Reeve）]（图 2-122）：贝壳近圆形，壳长稍大于壳高。壳质薄脆。壳顶位于背缘中央，壳顶突出，尖端微向前弯。韧带突出。左壳主齿两枚，前后排列；右壳主齿两枚，背腹排列。壳表极凸，呈黄白色或略带黄褐色。放射肋46～49 条，沿放射肋着生壳皮样绒毛。贝壳内面呈白色或肉红色。前闭壳肌痕较大，后闭壳肌痕小。生活于潮间带至数十米的浅海。产于我国黄海以北，日本和朝鲜也有分布。肉可供食用，或作为鱼虾饵料。产量较小。

图 2-122 滑顶薄壳鸟蛤

（2）加州扁鸟蛤 ［*Clinocardium californiense*（Deshayes）］（图 2-123）：贝壳大，成体贝壳长可达 50mm，壳质坚厚。壳表面有暗褐色壳皮。放射肋粗壮，隆起，约 38 条，肋上无绒毛。壳表有很明显的呈年轮状的生长线。外韧带强大，呈黑褐色。一般生活在水深 10～100m 的浅海底。分布于我国的黄海北部和中部。

图 2-123　加州扁鸟蛤

5. 砗磲科

贝壳极大，重、厚，两壳同形，前端截形。壳面放射肋粗壮。外韧带，足丝孔大，位于壳顶前方。铰合部有主齿两枚及侧齿 1 或 2 枚。其代表种如下。

（1）鳞砗磲（*Tridacna squamosa* Lamarck）（图 2-124）：贝壳大，呈卵圆形。两壳大小相等。壳重、厚。脊缘稍平。壳顶位于贝壳中央，壳顶前方有一足丝孔。外韧带较长。生长线细密。具有 4～6 条强大的放射肋，肋上有宽而翘起的大鳞片。贝壳内面呈白色。铰合部长。右壳有 1 枚主齿和两枚并列的后侧齿；左壳主齿和后侧齿各 1 枚。暖海性种类。栖息在潮间带珊瑚礁间，贝壳大部分埋入珊瑚礁内，产于我国海南和西沙群岛，为印度—太平洋广布种。肉供食用，贝壳可作观赏品。

图 2-124　鳞砗磲

（2）长砗磲 ［*Tridacna maxima*（Röding）］（图 2-125）：贝壳坚厚，呈长卵圆形。腹缘呈弓形弯曲。壳顶前方有长卵圆形的足丝孔。足丝孔周围有排列稀疏的齿状突起。韧带长。壳面有向前方斜走的强大的鳞片放射肋 5 或 6 条，直达腹缘。放射肋之间有细的肋纹。贝壳内面呈白色，边缘呈淡黄色。铰合部长。右壳具主齿一枚，并列的侧齿两枚；左壳主齿一枚，后侧齿一枚。生活在浅海珊瑚间，产于我国海南和西沙群岛。

图 2-125　长砗磲

6. 帘蛤科

两壳相等,壳顶倾向前方。壳面常有各种雕刻,铰合部通常有主齿 3 枚,侧齿有变化。其代表种如下。

(1)日本镜蛤[*Dosinia*(*Phacosoma*)*japonica*(Reeve)](图 2-126):贝壳近圆形,较扁平。壳长略大于壳高。壳顶小,尖端向前弯曲。小月面凹,呈心脏形。盾面狭长,呈披针状。贝壳背端前缘凹入,背缘后端呈截形,腹缘圆。外韧带陷入两壳之间。壳面呈白色。生长线明显。铰合部宽,两壳各具主齿 3 枚,外套窦深。我国南北沿海习见种,肉可食用。

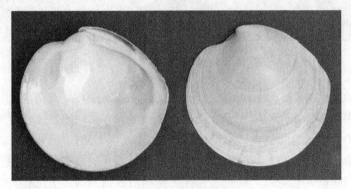

图 2-126　日本镜蛤

(2)紫石房蛤[*Saxidomus purpuratus*(Sowerby)](图 2-127):俗称天鹅蛋。贝壳呈卵圆形,壳顶突出。位于背缘的偏前方,小月面不明显。盾面被外韧带覆盖,外韧带突出。壳前缘圆形;腹缘较平,后缘略呈截形。两壳关闭时在前缘腹侧和后缘各保留一狭缝状开

图 2-127　紫石房蛤

口。左壳主齿 4 枚，右壳主齿 3 枚，前侧齿两枚。生长线粗壮。壳表面呈灰色、泥土色或染以铁锈色。分布于我国黄海、渤海，为人工增养殖的对象。

（3）菲律宾蛤仔［*Ruditapes philippinarum*（Adams et Reeve）］（图 2-128）：贝壳呈卵圆形，具有前倾的壳顶，壳顶至贝壳前端的距离约等于贝壳全长的 1/3。小月面呈椭圆形或略呈梭形，盾面梭形。贝壳前端边缘呈椭圆形，后端边缘略呈截形。壳表面呈灰黄色或深褐色，有的带褐色斑点。壳面除了同心生长线外，还有细密的放射肋，放射肋与生长线交错形成布纹状。每壳有主齿 3 枚，左壳前两枚与右壳后两枚顶端分叉。分布于我国南北沿海，是我国主要的养殖贝类。

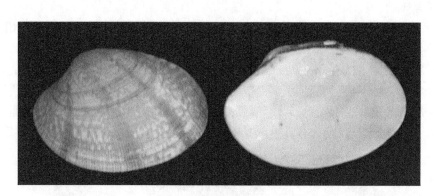

图 2-128　菲律宾蛤仔

（4）短文蛤［*Meretrix petechialis*（Lamarck）］（图 2-129）：贝壳略呈三角形，腹缘呈圆弧形，两壳大小相等，壳长略大于壳高，壳质坚厚。壳顶突出，位于背部稍靠前方。小月面狭长，呈矛头状，盾面宽大。韧带粗短，呈黑褐色，突出于壳面。壳面被有一层浅黄色或红褐色光滑似漆的壳皮，同心生长线清晰。从壳顶开始常有环形褐色带，贝壳近背部有锯齿状或波纹状的褐色花纹。右壳具 3 枚主齿和两枚前侧齿；左壳具 3 枚主齿和 1 枚前侧齿。我国沿海习见种，肉味鲜美。

图 2-129　短文蛤

（5）青蛤［*Cyclina sinensis*（Gmelin）］（图 2-130）：贝壳近圆形，壳面极突出，宽度

较大。壳顶突出，尖端弯向前方，无小月面，盾面狭长。韧带呈黄褐色，不突出壳面。生长纹明显，无放射肋。壳面呈淡黄色或棕红色，生活标本常呈黑色。贝壳内面边缘具整齐的小齿，稀而大。左右两壳各具主齿 3 枚。我国南北沿海习见种。

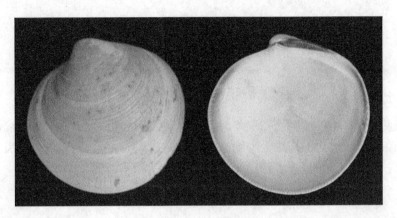

扫一扫 看彩图

图 2-130 青蛤

（6）硬壳蛤［*Mercenaria mercenaria*（Linnaeus）］（图 2-131）：又称北方帘蛤或美洲帘蛤，壳外形呈三角卵圆形，后端略突出，壳外表平滑，后缘呈青色，壳顶区呈淡黄色，壳缘部呈褐色或黑青色。原分布于美国的东海岸，是美国沿岸浅海和滩涂主要的经济双壳贝类之一，近几年引入我国。

扫一扫 看彩图

图 2-131 硬壳蛤

（7）波纹巴非蛤［*Paphia undulata*（Born）］（图 2-132）：壳呈长卵圆形。壳表光滑，壳薄，具光泽。同心生长线明显，致密。壳表呈黄白色至淡紫色。壳表面有由"人"字形纹相连成的网状花纹。贝壳内面呈淡紫红色。外韧带。小月面窄，披针状。外套窦短。营埋栖生活。多数栖息于低潮区至水深 40m 左右的泥沙底中，产于我国福建、广东和广西沿海。

（8）江户布目蛤［*Protothaca jedoensis*（Lischke）］（图 2-133）：俗称麻蚬子，贝壳坚硬，略呈卵圆形，长度略大于高度。小月面呈心脏形，盾面呈披针形。韧带呈棕黑色，不突

图 2-132　波纹巴非蛤

出壳面。壳表有许多粗的放射肋及深陷的生长纹，交织成布纹状。壳表呈灰褐色，常带着褐色斑点或条纹。贝壳内面周缘具有细齿列。左右主齿各 3 枚，两壳均无侧齿。分布于我国南北沿海。

图 2-133　江户布目蛤

（9）凸加夫蛤（*Gafrarium tumidum* Röding）（图 2-134）：贝壳膨突，两壳大小相等，两侧不等。壳顶位于背缘靠近前方。贝壳表面呈黄褐色或黄白色，同心生长线细密。由壳顶向腹面延伸出多条粗壮带有粒状突起的放射肋，当中几条在贝壳中部分叉成对排列，在几条放大的肋之间具有细肋。肋间沟宽。两壳各具主齿 3 枚，左壳前侧齿 1 枚。壳内缘具锯齿。为广东沿海习见种。

图 2-134　凸加夫蛤

（10）等边浅蛤［*Gomphina*（*Macridiscus*）*aequilatera*（Sowerby）］（图 2-135）：贝壳略呈等边三角形，前缘稍钝，后缘较尖，腹缘呈弧形。壳顶位于贝壳背缘的中央。小月面狭长，呈披针状；盾面不明显。外韧带短而粗。贝壳表面无放射肋，生长线明显。壳表呈淡黄色或棕黄色，具锯齿状或斑点状花纹。通常具放射状色带 3 或 4 条。两壳主齿各 3 枚。栖息于潮间带中下区至浅海的砂质中，广泛分布于我国沿海。

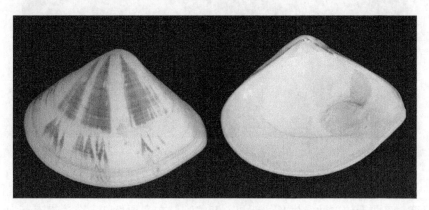

图 2-135　等边浅蛤

（11）缀锦蛤［*Tapes literatus*（Linnaeus）］（图 2-136）：两壳相等，两侧不等。壳稍扁平。两壳壳顶连接，并微向前方弯曲。小月面不明显，盾面狭长，呈披针形。贝壳表面呈黄白色，遍布锯齿形网状花纹或三角形棕色斑点。同心生长线明显。左右壳各具主齿 3 枚。右壳的中、后主齿两分叉；左壳的中央齿两分叉。外套痕明显，外套窦深。生活在浅海砂质海底，产于我国南海。

图 2-136　缀锦蛤

7. 蛤蜊科

两壳相等，呈钝三角形，韧带分两部分，一部分为外韧带，另一部分为内韧带。位于壳顶内方槽中，右壳前方两枚主齿，一般呈"八"字形，侧齿不定。其代表种如下。

（1）四角蛤蜊（*Mactra veneriformis* Reeve）（图 2-137）：俗称白蚬子，贝壳薄，略呈四角形，两壳极膨胀。贝壳具壳皮。顶部呈白色，近腹缘呈黄褐色。腹面边缘常有一很窄的黑色边。生长线明显，形成凹凸不平的同心环纹。左壳有一分叉的主齿，右壳具两枚主齿，两壳前后侧齿发达。外韧带大，陷于主齿后的韧带槽中。外套痕清楚，外套窦不深。广布于我国沿海，是养殖贝类。

扫一扫 看彩图

图 2-137 四角蛤蜊

（2）中国蛤蜊（*Mactra chinensis* Philippi）（图 2-138）：贝壳较坚厚，略呈椭圆形，左右两壳相等，壳面无放射肋。生长线明显，凹线形，在壳顶处细，至边缘逐渐加粗，壳面光滑。顶部呈淡蓝色，腹面呈黄褐色，并具放射状黄色带。内韧带呈黄褐色。左右两壳各具主齿两枚，左壳前后各一枚片状侧齿，右壳前后各一枚双片侧齿。外套痕明显，外套窦深而钝。为黄海、渤海习见种。

扫一扫 看彩图

图 2-138 中国蛤蜊

（3）西施舌［*Coelomactra antiquata*（Spengler）］（图 2-139）：壳脆薄，呈圆三角形。壳表光洁，具有黄褐色发亮外皮，顶部呈淡紫色。贝壳内面呈淡紫色或白色。内韧带极发达。为太平洋西部广布种，印度半岛、中国和日本沿海均有分布。在我国尤以福建闽江口一带产量为多。生活在低潮区至水深 7m 处的细砂或泥沙质底，营埋栖生活。

（4）大獭蛤（*Lutraria maxima* Jonas）（图 2-140）：贝壳呈长椭圆形。壳顶小，而且偏前。壳的前后端圆，有开口。表皮有很多细生长线。壳呈淡白黄色，被有暗褐色的壳皮（常脱落）。贝壳内面呈白色，有光泽。前后闭壳肌痕近圆形。外套窦深。铰合部下垂。内韧带发达。后侧齿退化，仅留残缺。见于我国南海。

扫一扫 看彩图

图 2-139 西施舌

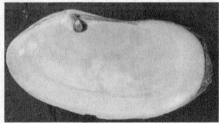

扫一扫 看彩图

图 2-140 大獭蛤

8. 紫云蛤科

两壳相等，呈长卵圆形，壳质薄而脆，两侧微不等，壳顶位于背缘中部靠后方。主齿两枚，无侧齿，外套窦深。其代表种如下。

（1）双线紫蛤 [*Sanguinolaria diphos* （Linnaeus）]（图 2-141）：贝壳呈长椭圆形，两侧微不等。前部较后部略短，前后端微开口。贝壳前方边缘圆，后方边缘略呈截形。壳表被有黄褐色或咖啡色外皮，常常脱落，露出白色和紫灰色贝壳。同心生长线细密。自壳顶向后腹面延伸两条不明显的浅色放射带。外韧带短而突出。贝壳内面呈紫色。两壳各有主齿两枚。外套痕清楚，外套窦深而狭。埋栖于潮间带细沙的底质中。产于我国东海和南海，为太平洋西部热带及亚热带海区分布的种类，肉味鲜美。

扫一扫 看彩图

图 2-141 双线紫蛤

（2）尖紫蛤（*Sanguinolaria acuta* Cai et Zhuang）（图 2-142）：贝壳较厚，后端尖瘦。

无放射肋或者放射肋极不明显。外套窦背线隆起，宽大，呈舌状，深约达壳长的 3/4。外套膜腹缘呈圆棒状，长、短相间，单行，排列稀疏。外韧带。被橄榄色壳皮。栖息于河口附近潮间带的泥沙滩，见于我国东海和南海。

图 2-142　尖紫蛤

（3）橄榄血蛤［*Nuttallia olivacea*（Jay）］（图 2-143）：又称紫彩血蛤，壳近圆或椭圆形。壳质薄而扁。左壳突，右壳平。韧带下有由壳背缘突出形成的脊状物。铰合部狭窄，左右壳各具主齿两枚。壳表具紫褐色、橄榄色或棕色壳皮，有光泽，高出壳顶。生长纹细微。无放射肋，但隐约可见几条浅色放射状彩带。贝壳内面呈紫色。各肌痕均明显。外套窦深而大。栖息于中、下潮区的细沙内。见于黄海、渤海。

图 2-143　橄榄血蛤

9. 樱蛤科

壳侧扁，左右相等。壳后方常有开口，壳质稍薄，每壳至多有主齿两枚，侧齿有变化，韧带在外侧，明显，水管长。其代表种如下。

彩虹明樱蛤［*Moerella iridescens*（Benson）］（图 2-144）：贝壳呈长卵形，前端边缘圆，后端背缘斜向后腹方延伸，呈截形。两壳大小近相等，两侧稍不等，前端较后端略长，贝壳后端向右侧弯曲。贝壳表面光滑，呈灰白色，略带肉红色，有彩虹光泽，外韧带突出，呈黄褐色。同心生长线明显、细密，在后端形成褶襞。贝壳内面与表面颜色相同，铰合部狭，两壳各具两枚主齿，呈倒"V"形。右壳前方有 1 枚不甚发达的前侧齿，左壳侧齿不明显。闭壳肌痕明显，前闭壳肌痕呈梨形，后闭壳肌痕呈马蹄形。外套痕明显，与外套窦腹线汇合。外套窦极深，其先端几乎与前闭壳肌相连。在我国，南北沿海均有发现，盛产于浙江和福建。

图 2-144　彩虹明樱蛤

10. 竹蛏科

两壳相等，壳质脆薄。体形呈柱状或长卵形，两壳多少开口，壳顶低，韧带在外方，铰合齿多变化，一般 1～3 枚，无侧齿，均海产。其代表种如下。

（1）缢蛏［*Sinonovacula constricta*（Lamarck）］（图 2-145）：贝壳呈长圆柱形，壳质脆薄。两壳不能全部闭合，前后端开口，足和水管由此伸出。前端稍圆，后端呈截形。背腹面近于平行。壳顶位于背部略靠前端。壳表具黄褐色壳皮，生长纹明显。贝壳中央自壳顶至腹缘有一条微凹的斜沟，形似被绳索勒过的痕迹，故名缢蛏。广泛分布于我国沿海，为我国重要的养殖贝类。

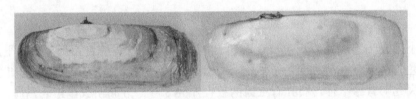

图 2-145　缢蛏

（2）大竹蛏（*Solen grandis* Dunker）（图 2-146）：壳呈竹筒状，两端开口，壳质薄脆。壳长为壳高的 4～5 倍。壳顶位于壳的最前端。壳前端呈截形，后端呈圆形。壳背腹缘互相平行。铰合部小，两壳各具主齿 1 枚。壳表被黄褐色壳皮，生长线明显，沿后缘及腹缘方向排列。贝壳内面呈白色或稍带紫色。前闭壳肌痕长，后闭壳肌痕呈三角形。见于我国南北沿海，为重要的经济贝类。

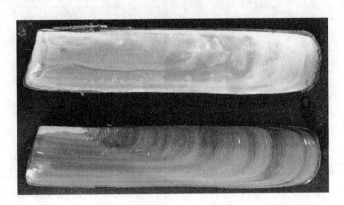

图 2-146　大竹蛏

（3）长竹蛏（*Solen strictus* Gould）（图 2-147）：体呈长圆柱形，极延长，贝壳脆而薄。壳的高度为壳长的 1/8～1/7。壳顶位于壳的前端，不突出。贝壳的前后端均开口，后端比前端开口较大。两者的连接处为背方，其相对的壳缘为腹缘。贝壳的背、腹近于平行。壳的前端呈截形，壳的后端呈圆形。两壳之间有韧带连接，具有联系两者、使之开启的作用，外韧带呈黑褐色。贝壳表面光滑，被有黄褐色外皮，壳顶周围壳皮常脱落。壳表面有较明显的生长纹，这些生长纹的距离不等，可作为推算其生长速度快慢和年龄的参考。贝壳内面呈白色或淡黄褐色。各肌痕明显，铰合部小，两壳各具主齿一枚。产于我国南北沿海。

扫一扫 看彩图

图 2-147 长竹蛏

（4）小刀蛏（*Cultellus attenuatus* Dunker）（图 2-148）：贝壳近刀形，壳面平滑，被有一层淡黄色的壳皮，由壳顶至后腹缘有一条斜线。贝壳内面呈白色或略呈粉红色，有 1 条细长的突起与背缘平行。右壳有主齿两枚；左壳 3 枚。分布于我国南北沿海。

扫一扫 看彩图

图 2-148 小刀蛏

11. 绿螂科

壳薄，前后延长，呈长卵圆形。两壳能够紧闭，外被绿色的壳皮。铰合部比较狭窄。每壳有主齿 3 枚，其中 1 枚分叉，没有侧齿。外韧带长。外套窦狭而深，唇瓣大，呈宽镰刀状，水管长，愈合。足较小，呈舌状。淡水和咸淡水产。

中国绿螂（*Glauconome chinensis* Gray）（图 2-149）：壳呈长卵圆形，由壳顶向前的距离约占贝壳全长的 1/3。贝壳前端呈圆形，后端尖瘦，腹缘平直。表面被有褐绿色壳皮，生长线明显，在腹侧常呈褶皱状。韧带短，呈褐色。贝壳内面呈白色，铰合部具主齿 3 枚。左壳中央主齿和右壳后主齿较大，端末分叉。前闭壳肌痕呈长卵圆形，后闭壳肌痕近方形，外套窦深达壳的中部，先端翘向背侧。分布于我国南北沿海有淡水注入的潮间带沙泥底。

扫一扫 看彩图

图 2-149 中国绿螂

12. 海螂科

两壳不等，前端或后端有开口。壳皮被皱皮。铰合部小，铰合齿或有或无。左壳的韧带槽常呈三角形，突出。其代表种如下。

砂海螂（*Mya arenaria* Linnaeus）（图 2-150）：贝壳呈长卵圆形，两壳壳顶紧接。铰合部狭窄。左壳壳顶内面具一个向右壳顶下伸出的匙形薄片；右壳的壳顶下方有一卵圆形凹陷，与左壳的匙形薄片共同形成一个扁的韧带附在其中。壳表被黄色或黄褐色壳皮。壳表粗糙，生长线明显，两壳关闭时，前后均有开口。产于我国黄海、渤海。

扫一扫 看彩图

图 2-150 砂海螂

13. 篮蛤科

两壳不等，左壳常较小。两侧接近对称，或后方多少呈截形。壳面多少具雕刻，外被壳皮。每壳有一明显主齿，左壳的主齿与韧带槽相连，内韧带甚小。其代表种如下。

（1）红肉河篮蛤（*Potamocorbula rubromuscula* Zhuang et Cai）（图 2-151）：个体小，壳脆而薄，呈长卵圆形。两壳左右不等，左壳略小，背前缘约为壳长的 1/3。无小月面和盾面。内韧带呈黄褐色。壳表呈黄白色，被一层皱褶的壳皮。生长纹细密，无放射肋。贝壳内面呈灰白色而略有光泽。铰合部窄。右壳有 1 枚主齿，其后为三角形韧带槽，左壳有 1 枚突出的主齿，与右壳的槽相吻合，构成内韧带的附着处。外套痕不明显。分布于广东潮阳到汕头一带的沿海。

图 2-151　红肉河篮蛤

（2）射带河篮蛤［*Potamocorbula fasciata*（Reeve）］（图 2-152）：壳小型。右壳大，生长线较粗；左壳小，壳面有两条白色放射色带。外套线完整，无外套窦。生活于浅海及河口。分布于山东、台湾和广西等地。

图 2-152　射带河篮蛤

14. 缝栖蛤科

两壳相等，有时壳形不规则。两端常开口。外韧带。外套膜大部分愈合，水管长。足小，有足丝。海产。

象拔蚌（*Panopea abrupta* Clould）（图 2-153）：又称太平洋潜泥蛤，壳近椭圆形，大而薄脆，以铰合部韧带相连，铰合部有铰合齿，通常左壳上的铰合齿大些。壳上有生长线。成体软体部大，特别是粗大而有伸缩性的虹管可伸出壳外，觅食时可伸长达 1m 左右。分布于北美洲的太平洋沿海，从华盛顿州沿着加拿大的西海岸直到阿拉斯加州的南部沿海。自潮下带至 110m 水深的泥质、砂质和贝壳等形成的柔软底质均有分布。

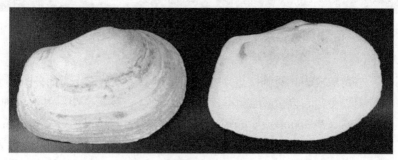

图 2-153　象拔蚌

15. 鸭嘴蛤科

壳薄，近半透明。两壳不等时，右壳比左壳大。后方带开口，壳顶有裂缝，壳面常具极微的粒状突起。铰合部无齿，有一突起的匙状韧带槽。其代表种如下。

渤海鸭嘴蛤 [*Laternula marilina*（Reeve）]（图 2-154）：壳呈长卵圆形。前端圆而高，逐渐向后缩小，后端钝圆。壳质薄脆，呈灰白色，半透明。两壳近相等或左壳稍大于右壳，闭合时前后端开口。壳顶紧密接近，各具 1 条横裂。表面无放射肋，具有同心生长纹和粒状突起，壳内具云母光泽。韧带槽前具"V"形石灰板。外套窦宽大，近半圆形。见于我国沿海。

图 2-154　渤海鸭嘴蛤

16. 海笋科

贝壳薄，两壳相等，前后端开口，呈白色，具淡褐色壳皮，壳面有肋、刺和生长纹；壳顶近前端，前端贝壳边缘向外卷，成为前闭壳肌和原板的附着面。水管极发达。足短，呈柱状，末端平，呈截形。贝壳的背、腹和后端常具副壳。

（1）宽壳全海笋 [*Barnea*（*Cyrtopleura*）*dilatata*（Souleyet）]（图 2-155）：贝壳大而宽短，贝壳前端尖，腹面开口，后端呈截形。壳前后端的宽度近相等。壳表面有与壳顶呈同心形排列的波纹状生长线。生长线整齐而稀疏，位于前端腹缘的有棘刺，位于中部的生长线，与自壳顶向腹缘分布的放射肋相交织，形成许多小突起。后端背部无放射肋。原板发达。前端尖，后端向腹部弯曲。生活在潮间带下区至低潮区。我国沿海有分布。

图 2-155　宽壳全海笋

（2）脆壳全海笋 [*Barnea fragilis*（Sowerby）]（图 2-156）：贝壳较小，略呈椭圆形。前后端均开口。壳前端膨大，后端渐尖瘦。壳高与壳宽约相等。壳顶前方背缘向外卷曲。

腹缘前端凹入。原板呈长卵形。壳表面呈白色，具排列紧密的纵肋。壳的前部具放射肋。放射肋与纵肋相交处形成突起或波纹。壳内柱细长，约伸展至壳高的 1/2 处。外套窦极大而深。营凿石穴居生活，分布于我国沿海。

图 2-156　脆壳全海笋

（3）大沽全海笋［*Barnea*（*Anchomasa*）*davidi*（Deshayes）］（图 2-157）：贝壳大，两壳抱合成长卵形，前后端开口，只背腹缘相接。壳高与壳宽近等。由壳顶向前，贝壳的背缘向外卷曲。壳面突。表面具有 25～27 条自壳顶至腹面相距疏远的同心波形纵肋和 27～30 条自壳顶至腹面呈放射状排列的肋。纵肋和放射肋互相交织形成四角形的网状花纹。贝壳前面放射肋不明显，但纵肋上有发达的棘。原板呈椭圆形，前后端尖。分布于我国黄海、渤海和东海，是一种珍贵的海产品。

图 2-157　大沽全海笋

三、作业

写出所观察贝类的分类地位（纲、亚纲、目、科、属、种）。

实验十二　多板纲、掘足纲的分类

一、实验目的

通过学习多板纲、掘足纲的分类，初步掌握其方法，认识常见经济种类。要求记住每个种的特征和经济种类的分类地位，熟记分类术语。

二、多板纲、掘足纲的外部形态及分类的主要依据和术语

（一）多板纲（Polyplacophora）

多板纲外形模式图见图 2-158，角贝各部位名称模式图见图 2-159。

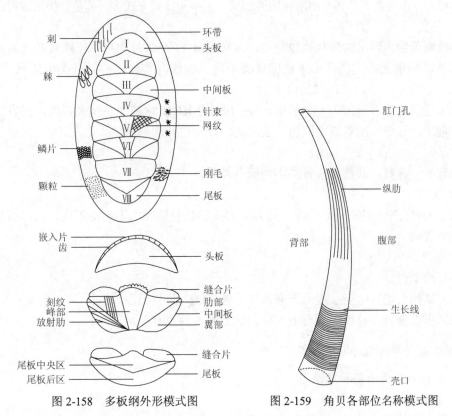

图 2-158　多板纲外形模式图　　　　　图 2-159　角贝各部位名称模式图

1. 分类的主要依据和术语

1）贝壳

（1）头板、尾板和中间板：多板纲动物壳板共 8 块，按照壳板的形状和排列的前后分为三种，即头板、尾板和中间板。

　　a. 头板：位于身体前端，呈半月形。

　　b. 尾板：位于身体后端，呈元宝形。

　　c. 中间板：位于头板和尾板中间。

（2）缝合片：除头板外，在每一壳板的前面两侧都有一片白色、光滑且较薄的物质，称为缝合片。有的种类在左右两个缝合片中间还有小齿。

（3）嵌入片：在头板的腹面前方、中间板的腹面两侧和尾板的后部有嵌入片。嵌入片有的分齿，有的不分齿。

（4）峰部、肋部和翼部：每块壳板按外形可分为三部分，中央隆起部称为峰部，壳板前侧方称为肋部，壳板后侧方称为翼部。

贝壳作为分类依据时,主要根据:嵌入片的有无,分不分齿裂;壳板是连续的,还是分开的;壳板的大小,其花纹、肋部和翼部是否明显。

2)环带

多板纲动物的身体背面四周有一圈外套膜,称为环带。环带上有各种小鳞、小棘和针束等附属物。环带的大小及其上面附属物的形状、大小和排列方式等,都是分类的参考依据。

3)齿舌

多板纲动物齿舌上的齿片数较稳定,每横列由 17 个齿片构成。虽然数量较固定,但齿片形状,特别是第一侧齿的形状因种类不同,往往有差异,也是分类的依据。齿式:(3+1)(2+1)(1·1·1)(1+2)(1+3)。

为了更清楚地看到齿舌,一般用 5%～10%的 KOH 溶液加热烧去肌肉,或者放入强酸氧化剂洗液片刻(刚卷曲即取出)去肌肉,以便进行观察。

4)鳃

鳃有 6～88 对,其数目因种类不同而有差异。

5)微眼

微眼(贝壳眼)的有无、大小、排列的方式和数目随种类不同而不同,它们都是分类中的参考依据。

2. 分类

共分两个目。

(1)鳞侧石鳖目:壳板腹面无嵌入片,若有嵌入片也无齿。

(2)甲石鳖目:壳板腹面有嵌入片,而且嵌入片也有分齿。

(二)掘足纲(Scaphopoda)

1. 分类的主要依据和术语

1)贝壳

(1)壳口的直径是否为全壳最大直径。

(2)贝壳横断面的形状(圆形还是多角形)。

(3)壳面是否光滑(有的有肋)。

(4)肛门孔的形状和花纹。

2)足

足部的形状是分科的主要依据之一。角贝科动物的足呈圆柱状,并具有两个翼状的侧叶;管角贝科动物的足呈蠕虫状,末端有一个锯齿状的盘,有的种类在盘的中央有一指状突起。

3)齿舌

掘足纲动物的齿式为 1·1·1·1·1,但中央齿的形状变化很大,是分类的依据之一。

4)唇瓣

唇瓣的有无。

2. 分类

1)角贝科(Dentaliidae)

贝壳以壳口的直径为最大,足呈圆柱状,末端尖,有唇瓣,中央齿呈长形。

2）管角贝科（Siphinodentallidae）

贝壳以中部的直径为最大，足末端呈圆盘状，无唇瓣，齿舌中央齿几乎近方形。

三、标本观察

观察下列标本特征，并熟记其分类地位。

（一）多板纲代表种类

1. 毛肤石鳖科

体呈椭圆形或细长条形。壳板较小，头板的嵌入片具 3 或 5 个齿裂，中间板各侧有 1 个齿裂或无齿裂，环带发达。齿舌的内侧齿有 3 个齿尖。

红条毛肤石鳖［*Acanthochiton rubrolineatus*（Lischke）］（图 2-160）：俗称海石鳖、海八节毛，身体呈卵圆形，壳板呈暗绿色，沿其中部有 3 条红色色带。环带较宽，呈深绿色，上面有棒形的棘，在壳板的周围有 18 丛针束。鳃 21 对。生活于潮间带，为我国沿海习见种，肉可食用，也作药用，用于治疗颈淋巴结核、麻风病等。

扫一扫　看彩图

图 2-160　红条毛肤石鳖

2. 锉石鳖科

体呈椭圆形。壳板有明显的肋部与翼部，其上有各种雕刻。头板和尾板嵌入片的齿裂较多，数目有变化。中间板嵌入片齿裂数少，每侧 1～3 个。环带上密布小鳞。

（1）朝鲜鳞带石鳖［*Lepidozona coreanica*（Reeve）］（图 2-161）：体呈椭圆形，灰黑

扫一扫　看彩图

图 2-161　朝鲜鳞带石鳖

色。壳板宽而隆起。头板具有 16 条粒状突起连成的放射肋；中间板的中央部有粒状突起的纵肋，翼部也具有粒状突起的粗肋数条；尾板中央部有纵肋，后部有放射肋。环带狭窄，被以鳞片，鳃 34 对，鳃裂长度与足长相等。生活在潮间带，为我国沿岸习见种之一。

（2）函馆锉石鳖（*Ischnochiton hakodaensis* Pilsbry）（图 2-162）：体呈长卵圆形，表面呈土黄色或暗绿色，间杂有灰褐色花纹和斑点。头板上有细的放射肋；中间板和尾板中部有网状刻纹，翼部有细放射肋；环带窄，密布小鳞片或灰褐色斑。分布于黄海、渤海，为其习见种。

图 2-162　函馆锉石鳖

3. 石鳖科

身体呈长椭圆形，壳环表面具有粒状突起，环带上生有粗糙的棘刺或鳞片。

（1）日本花棘石鳖 [*Acanthopleura japonica*（Lischke）]（图 2-163）：体呈椭圆形，长度约为宽度的 2 倍。头板表面具细小的放射肋和生长线；中间板同心纹明显；尾板小。环带肌肉发达，其上着生粗糙的石灰质棘，呈白色和黑色相间排列。壳片多呈褐黄色或褐色。分布于浙江以南沿海，生活于潮间带中下区的岩石缝隙中，日本也有分布。

图 2-163　日本花棘石鳖

（2）秀丽石鳖（*Lucilina amanda* Thiele）（图 2-164）：体呈长圆形，较日本花棘石鳖略窄。头板小，半圆形，具放射状排列的壳眼；中间板翼部具 5 或 6 条放射形排列的壳眼；尾板大，壳顶突起。第二壳板长度最大。环带宽而光裸。分布于西沙群岛岩石上，日本也有分布。

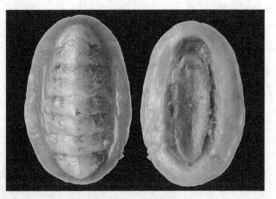

扫一扫　看彩图

图 2-164　秀丽石鳖

（3）平濑锦石鳖（*Onithochiton hirasei* Pilsbry）（图 2-165）：体呈长圆形。壳片颜色变化大，呈褐色、淡黄色或棕色，中央区域常呈白色。环带呈淡黄色，饰有棕色斑纹，表面有微细的绒毛。头板具明显的放射肋纹；中间板峰部呈三角形，具横纹，翼部明显；尾板大，壳顶居于末端边缘。分布于我国东南沿海潮间带岩石间，日本也有分布。

4. 鬃毛石鳖科

体呈椭圆形或近圆形。壳板宽，尾板小，后方中央有凹陷。环带上具有鳞、针状物及鬃毛状突起。鳃列常超过足长的一半。

网纹鬃毛石鳖（*Mopalia retifera* Thiele）（图 2-166）：体呈椭圆形，背板颜色多变，常呈黄白色或灰白色。头板呈半圆形，具 8 条颗粒状放射肋和网纹状花纹；中间板肋部呈网纹状，翼部具颗粒状放射肋；尾板小，自壳顶向两侧各有一条放射肋。头板和中间板边缘均有一列粒状突起。环带呈黄白色，分布有不规律的鬃毛状棘刺。鳃 16 对。分布于福建及其以北沿海的潮间带至潮下带海藻丛中。

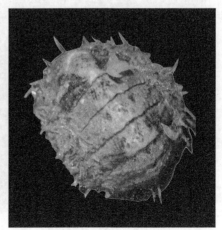

图 2-165　平濑锦石鳖　　　　　图 2-166　网纹鬃毛石鳖

（二）掘足纲的代表种类

1. 角贝科

贝壳呈象牙状，以壳口的直径最大，向后逐渐缩减。足呈圆锥形，具有两个翼状侧叶。齿舌的中央齿长度约为宽度的 2 倍。

（1）大角贝 [*Pictodentalium vernedei*（Sowerby）]（图 2-167）：贝壳大，较厚，长度可达 10cm 以上，壳口直径 1cm 以上。在腹端壳面具纵肋约 40 条。前孔及后孔均圆。后孔在后侧有深而稍宽的裂缝 1 条。东海和南海有分布，生活于浅海至百余米深海处。

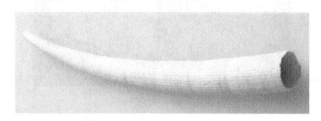

图 2-167　大角贝

（2）八角角贝（*Dentalium octangulatum* Donovan）（图 2-168）：壳弯曲，呈白色。壳面具明显的纵肋。肋数有变化，一般具 8 或 9 条纵肋，每条肋内又有许多细小的纵肋。壳口呈八角形或九角形。顶孔（肛门开口）小。腹侧无纵沟。栖息于水深百米处的海底，见于我国东南沿海。

（3）中国沟角贝（*Striodentalium chinensis* Qi et Ma）（图 2-169）：壳细长，略弯曲，呈淡橙黄色或黄白色。壳面具细致的纵肋，壳口处有 12～24 条，而壳顶端仅 6～9 条。生长线细密。壳顶端腹面具浅"V"形缺刻。见于我国东海和南海水深 80～120m 的软质底。

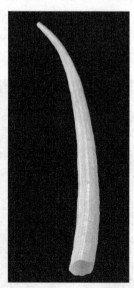

图 2-168　八角角贝　　　　图 2-169　中国沟角贝

2. 光角贝科

贝壳管状，壳面光滑，有光泽，无纵肋结构，具环纹。

（1）日本狭缝角贝［*Fustiaria nipponica*（Yokoyama）］（图 2-170）：壳面颜色变化大，常呈白色、橙黄色或黄色。壳质稍厚，无纵肋，生长线细密而不明显。近壳口处常膨大，凸面具狭长裂缝。见于我国东南沿海的潮下带至浅海，为西太平洋分布种。

（2）象牙光角贝［*Laevidentalium eburneum*（Linnaeus）］（图 2-171）：贝壳稍弯曲，壳质薄，半透明，呈乳白色或淡黄色。壳面光滑，有光泽，无纵肋，生长线极弱，形似象牙，故此得名。壳口圆形。分布于我国东海和南海水深数十米泥沙质海底，为印度—西太平洋分布种。

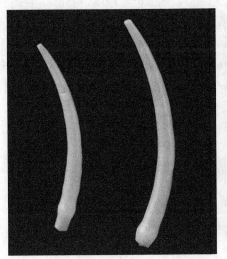 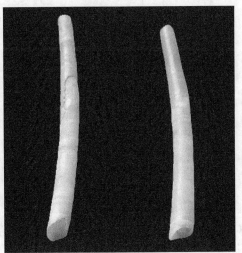

图 2-170　日本狭缝角贝　　　　　图 2-171　象牙光角贝

四、作业

熟记各纲的分类术语，写出所观察贝类的分类地位。

实验十三　头足纲的分类

一、实验目的

头足纲是软体动物中向着游泳生活发展的一个类群。由于采取主动适应的生活方式，各器官均非常发达，形态十分特化。头足纲动物能主动捕食较大的生物，也能巧妙地逃避强大的敌人。通过本次实验，我们将了解其各种游泳类型，并了解其代表种的基本结构。认识其常见种类，掌握分类方法，熟记分类术语。

二、头足纲的外部形态及分类的主要依据和术语

头足纲动物身体各部分模式图见图 2-172。

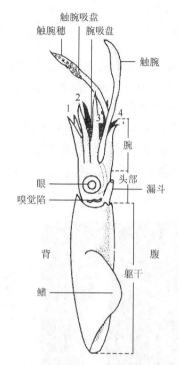

图 2-172　头足纲动物身体各部分
　　　　　　模式图

1. 分类的主要依据

1）鳃的数目

二鳃类和四鳃类。

2）腕

（1）数目：二鳃类 8（八腕目）或 10 个（十腕目）；四鳃类约 90 个。

（2）长短：二鳃类的腕都是左右对称的，腕的长短随种类不同而不同，如长蛸：1＞2＞3＞4；无针乌贼：4＞1＞2＞3；双喙耳乌贼：2＝3＞1＝4。

（3）茎化腕：①茎化部位，顶端、基部、全腕茎化；②茎化方式，腕的长短缩小，一侧膜加厚，末端形成端器，吸盘大小和数目有变化；③第几腕茎化，章鱼右三，乌贼、枪乌贼、无针乌贼左四，微鳍乌贼第 4 对两个腕都茎化。

（4）触腕：能否完全缩入囊内（乌贼能，枪乌贼不能）。

（5）吸盘：①结构与形状；②吸盘腔内角质环上齿的形状和数目。

（6）腕间膜深度的排列方式。

3）漏斗

（1）漏斗是否形成完整的管子。

（2）水管内舌瓣的有无（八腕目无）和漏斗器的形状（乌贼呈倒"V"形，短蛸呈"W"形，长蛸呈"X"形）。

（3）闭锁器的形状，有无软骨结构。

4）眼

假角膜上有无小孔（十腕目大王乌贼眼与外界相通）。

5）贝壳

①壳的有无及类型。②有外壳者隔壁以凹面（鹦鹉螺目）或凸面（菊石目）对向壳口。

6）鳍

周鳍型、中鳍型和端鳍型。

7）头部与胴部的连接方式

十腕目仅以闭锁器相连，而八腕目胴部在背面与头部相连。

2. 分类

分为两个亚纲：二鳃亚纲（Dibranchia）和四鳃亚纲（Tetrabranchiata）。

三、标本观察

观察下列标本特征，并熟记其分类地位。

1. 鹦鹉螺科

贝壳具数层螺旋，多少重叠。隔片简单。室管在中央或接近中央，壳口不收缩。

鹦鹉螺（*Nautilus pompilius* Linnaeus）（图 2-173）：具石灰质螺旋形外壳，左右对称，在平面上作背腹旋转。壳表光滑，生长纹细密，外观呈灰白色，后方夹有多数橙赤色的火焰条状斑纹。贝壳内层珍珠层厚。贝壳内腔具 30 多个壳室。软体部藏于最后壳室——住室。其余的隔室称为气室。由外壳与隔壁组成的缝合线平直而简单。腕的数目多达 90 只。为印度洋和太平洋海区特有种，分布于我国台湾及海南诸岛。营深水底栖生活，偶尔也能在水中游泳或略做急冲后退运动。贝壳漂亮，为珍贵的观赏贝类。肉可供食用。

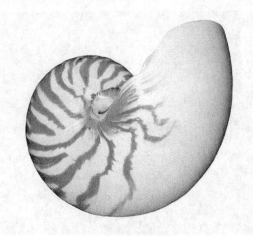

图 2-173　鹦鹉螺

2. 乌贼科

体宽大，背腹扁。鳍状，占胸部两侧的全缘。具泪孔、嗅觉器，腕吸盘 4 行。雄性左侧第 4 腕茎化。内壳石灰质，背楯发达。触腕能完全缩入眼基部的触腕囊内。本科经济价值甚大。

（1）针乌贼（*Sepia andreana* Steenstrup）（图 2-174）：胴部细长，后端尖细。雄体胴部长度约为宽度的 2.5 倍，雌体约 2 倍。内壳的骨针突出，为雄性内壳长度的 6 倍，雌性的 4 倍。周鳍型。雄体各腕长度显著不同，顺序为 2＞4＞3＝1，雌体各腕长相差较小，顺序为 2＞1＞4＞3。雄体左侧第 4 腕茎化。触腕细长。体呈灰黄色，具细的紫褐色色素斑点。我国南北沿海常见。

图 2-174　针乌贼

（2）曼氏无针乌贼（*Sepiella maindroni* Hoyle）（图 2-175）：又称日本无针乌贼，体呈长椭圆形，长度略为宽度的 2 倍。胴部的腹面后端有一腺孔，流出的液体具有腥臭味。鳍的前端狭，后端宽，围绕胴部两侧周围，末端分离。腕的长度相近，第 4 对腕较其他腕长。雄体左侧第 4 腕茎化。生活时胴部背面具有显著的白色花斑。雄性个体的花纹比雌性的大，易于辨认。内壳石灰质，呈长椭圆形。后端无骨针。见于我国东南沿海，为我国四大渔业经济种类之一。

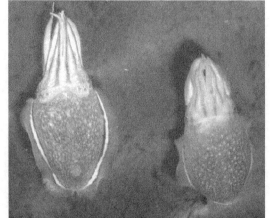

图 2-175   曼氏无针乌贼

（3）金乌贼（*Sepia esculenta* Hoyle）（图 2-176）：个体中型。胴部卵圆形，长度约为宽度的 1.5 倍。肉鳍较窄，位于胴部两侧全缘，仅在末端分离。腕的长短相近，顺序一般为 4>1>3>2，吸盘 4 行，各腕吸盘大小相近，其角质环外缘具不规则的钝形小齿。雄性左侧第 4 腕茎化，特征是基部吸盘正常，到第 9～15 列吸盘极缩小，再向上又正常。触腕较短，略超过胴长，触腕穗半月形，约等于全腕长的 1/5，吸盘小而密集，约 10 行，大

图 2-176   金乌贼

小相近，其角质环外缘具不规则的钝形小齿。生活时体表呈黄褐色，胴背部具棕紫色和乳白色相间的细斑，雄性个体胴背部具横行波状条纹，条纹具金黄色光泽。浸制后，体呈深褐黄色，略带紫色。胴背部有暗褐色斑点，不显著，雄性的条纹明显。内壳发达，呈长椭圆形，长度约为宽度的 2.5 倍，背面有坚硬的石灰质粒状突起，自后端开始略呈同心环排列，腹面石灰质松软，中央有一条纵沟，横纹面略呈菱形，内壳后端的骨针粗壮。

（4）虎斑乌贼（*Sepia pharaonis* Ehrenberg）（图 2-177）：体形较大，腕基部吸盘角质环外缘光滑无齿，但具很多细纹；顶部吸盘则具有密集的钝形小齿。生活时，体呈黄褐色，胴背有褐色波状斑纹，状如虎斑。内鳍与胴背交界处环绕着一圈天蓝色的镶边。分布于我国台湾、福建和广东等沿海地区。

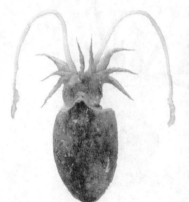

图 2-177　虎斑乌贼

（5）拟目乌贼（*Sepia lycidas* Gray）（图 2-178）：为热带外海性的大型乌贼。鳍宽大，围绕胴部两侧周围，末端分离，最宽处略小于胴部的 1/4。第 4 对腕最长。吸盘 4 行。左侧第 4 条腕茎化，茎化时自基部向上 7～10 列的吸盘缩小。触腕长。胴背呈黄褐色，浸制后呈紫褐色。胴背除横纹条斑外，还夹有大而明显的眼状白斑。内壳发达，后端骨针粗壮。分布于我国福建以南沿海地区。

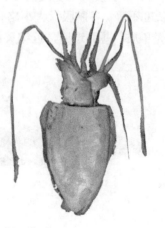

图 2-178　拟目乌贼

3. 耳乌贼科

胴部短，背部中央与头愈合，末端呈圆形，鳍大，位于胴部两侧中部，略呈圆形，通常 1 个或 1 对背腕茎化。

双喙耳乌贼（*Sepiola birostrata* Sasaki）（图 2-179）：体形小。胴部呈袋状，长度约为宽度的 1.4 倍。鳍大，呈圆形，位于胴部两侧稍后。腕的长度顺序为 2 = 3>1 = 4。吸盘角质环外缘无齿。雄性第 1 腕茎化，其特征为粗而短，基部具 4 或 5 个小吸盘。靠近腕上部外侧边缘具两弯曲的喙状肉刺。触腕细长，内壳退化。分布于我国黄海、渤海及东南沿海。

图 2-179　双喙耳乌贼

4. 枪乌贼科

身体细长，呈锥形，鳍作身体后半部，或稍长，触腕不能完全缩入头部。腕吸盘两行。嗅觉陷发达，呈突起的"ε"领形，闭锁槽呈长形，漏斗器各有一倒"V"形的背片和左右各一的腹片。雄性左侧第 4 腕茎化。贝壳不发达，羽状，角质。该科经济价值较大。

（1）中国枪乌贼 [*Uroteuthis chinensis*（Gray）]（图 2-180）：一种大型的枪乌贼，胴长为 40cm，胴部细长，长度约为宽度的 6 倍；肉鳍较长，位于胴体的后半部，在末端相连成菱形；腕的长度不等，各腕吸盘大小略有差异，吸盘角质外缘具小锥形小齿，基部吸盘小齿最多；内壳角质，薄而透明，近棕黄色。为我国东南沿海枪乌贼种类中种群最密、

图 2-180　中国枪乌贼

产量很大的一种，约占全国枪乌贼总产量的 90%。福建省中国枪乌贼主要集中于南部渔场。捕捞方式有鱿鱼钓、灯围及拖网等。

（2）日本枪乌贼［*Loliolus japonica*（Hoyle）］（图 2-181）：体形小，胴部呈锥形，长度约为宽度的 4 倍。鳍位于胴部后两侧，长度略长于胴部的 1/2，呈三角形。腕吸盘两行，其角质环外缘具方形小齿。雄性左侧第 4 腕茎化，特征为顶部约 1/2 部分特化为两行肉刺。触腕吸盘大小不一，大吸盘角质环外缘具方形小齿。内壳角质，薄而透明。胴背部具浓密的紫色斑点。分布于我国黄海、渤海。

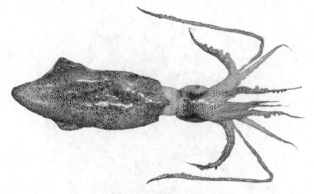

图 2-181　日本枪乌贼

（3）莱氏拟乌贼（*Sepioteuthis lessoniana* Lesson）（图 2-182）：胴部圆锥形，胴长约为胴宽的 3 倍。雌性体表具大小相同的近圆形色素斑，均属小型；雄体胴背生有明显的断续式横条状斑，胴背两侧各生有近圆形的粗斑点 9 或 10 个。肉鳍宽大，几乎包被胴部前缘，前部较狭，向后渐宽，中部最宽处约为胴宽的 3 倍。腕式一般为 3＞4＞2＞1，吸盘两行，各腕吸盘以第 2 对、第 3 对腕上的略大，吸盘角质环具很多尖齿，雄性左侧第 4 腕茎化。内壳角质，呈披针叶形，后部略狭，中轴粗壮，边肋细弱，叶脉细密。主要分布于福建南部和广东沿海，北部沿海极少见到。体大肉厚，最大体重达 5.6kg，但肉质细嫩，鲜食肉美，可制作干制品。

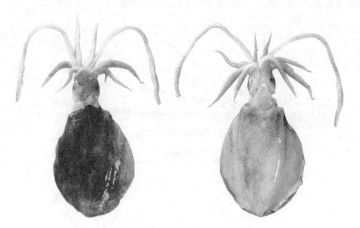

图 2-182　莱氏拟乌贼

5. 章鱼科

腕长，彼此相似。腕间膜一般短小，腕吸盘两行，少数 1 行或 3 行。右侧第 3 腕茎化，末端呈匙状。通常有墨囊。

（1）短蛸（*Octopus fangsiao* Orbigny）（图 2-183）：又名饭蛸。胴部呈卵圆形或球形，无肉鳍。胴背两眼具一纺锤形或半月形的斑块，并在两眼前方各具一椭圆形的金色圈。腕较短，长度相似。雄性右侧第 3 腕茎化，输精沟由腕侧膜形成。内壳退化。浸制后的体色呈紫褐色。底栖肉食性贝类，产于我国南北沿海。

扫一扫 看彩图

图 2-183　短蛸

（2）长蛸（*Octopus variabilis* Sasaki）（图 2-184）：胴部呈长椭圆形，无肉鳍。皮肤表面光滑。两眼间无斑块，两眼前方无金色圈。腕长，且长度相差悬殊，其中第 1 对腕最长为第 4 腕的 2 倍，为胴部的 6 倍。腕吸盘两行。雄性右侧第 3 腕茎化，茎化时的长度约为左侧相对腕的 3 倍。腕侧膜形成的输精沟，匙形的端器均明显。内壳退化。本种为沿岸底栖肉食性种类。冬季、低盐及水温下降时挖穴栖居。我国南北沿岸、俄罗斯、日本、朝鲜、印度洋、地中海及红海均有分布。肉味鲜美，为大型经济鱼类的钓饵。

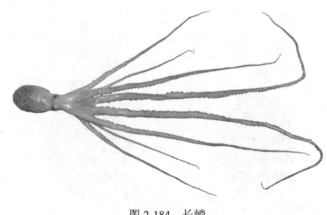

图 2-184　长蛸

（3）真蛸（*Octopus vulgaris* Cuvier）（图 2-185）：又称母猪章，胴部卵圆形，稍长，体表光滑，具细小的色素斑点。短腕型，各腕长度相近，腕吸盘两行。雄性右侧第 3 腕茎化，明显短于左侧对应腕，端器锥形。阴茎棒状。漏斗器呈"W"形。鳃片数 9 或 10 个。齿式为 3·1·3，中央齿则具有 3~5 个齿尖，基本上左右对称，第 3 侧齿外侧具有发达的缘板结构。

扫一扫　看彩图

图 2-185　真蛸

6. 柔鱼科

胴部呈圆锥形，肉鳍短，分列于胴部两侧后端，两鳍相接。头部两侧的眼径略小，眼外无膜。腕 5 对；其中 4 对较短。腕上具两行吸盘，雄性右侧或左侧第 4 腕或第 4 对腕茎化；另 1 对较长，称为触腕或攫腕，具穗状柄，触腕穗上的吸盘 4 行。内壳薄，角质，狭条形，末端形成中空的尾锥。其代表种如下。

扫一扫　看彩图

图 2-186　太平洋褶柔鱼

太平洋褶柔鱼［*Todarodes pacificus*（Steenstrup）］（图 2-186）：胴部呈圆锥形，后部明显瘦凹，胴长为胴宽的 4~5 倍，体表具大小相同的近圆形色素斑，均属小型；胴背中央的褐黑色宽带延伸到内鳍后端，头部背面左右两侧和无柄腕中央的色泽也近于褐黑色。漏斗陷前部前穴两侧不具小囊。鳍长约为胴长的 1/3，两鳍相接略呈横菱形。无柄腕长度相差不大，腕式一般为 3>2>4>1，第 3 对腕极侧扁，中央部边膜突出，略呈三角形，腕吸盘两行，吸盘角质环部分具尖齿，雄性右侧第 4 腕茎化，内面较平，顶部吸盘特化为两行肉突和肉片，外侧的一行为尖头小肉突，内侧的一行为纯头薄型肉片，特化部分约占全腕的 1/3；触腕穗吸盘 4 行，中间两行大，边缘、顶部和基部的小，大吸盘角质环具尖齿与半圆形相间的齿列，小吸盘角质环部分具尖齿，触腕柄顶部具两行稀疏的吸盘，交错排列。内壳角质，狭条形，中轴细，边肋粗，后端具一个中空的狭纵菱形尾椎，已知成体的最大胴长为 300mm。分布于太平洋，我国主要分布于黄海、渤海和东海海域。

7. 船蛸科

两性形态差异显著，雌体大，雄体极小，腕间膜不发达。雌体的背腕具翼状腺质膜，能分泌石灰质的卵壳。雄体无外壳，左侧第 3 腕茎化。

船蛸（*Argonauta argo* Linnaeus）（图 2-187）：雄性具螺旋形单室薄壳。两侧有细密而明显的放射肋。每条放射肋自贝壳螺旋轴延伸到同侧疣突处。疣突尖而小，可达 50 个以上。壳两侧很扁，壳面大部乳白色。雌性腹腕大于侧腕。顺序为 1＞4＞2＞3。雄性左侧第 3 腕茎化，顶端特化为长鞭。见于我国南海。

扫一扫　看彩图

图 2-187　船蛸

四、作业

熟记各纲的分类术语，写出所观察贝类的分类地位。

实验十四　贝类标本的采集方法

一、实验目的

认识浅海贝类；了解浅海贝类的生活环境特点；初步掌握浅海贝类标本的采集方法。

二、实验用具

（1）铁皮箱：用于放置各种采集用具和标本，其规格、大小可酌情而定，也可以用塑料箱代替。

（2）各式标本瓶：用于保存标本，野外采集最好使用塑料瓶，既轻便又不易打碎，也可以用有盖的塑料桶代替。如果要永久保存标本的话，以玻璃瓶为宜。

（3）手提采集桶：用于海滨采集时存放标本，不宜太大，以携带方便为好。现在常使用塑料桶或者以加厚的塑料袋代替。

（4）铁锹和铁耙：用于挖掘泥沙滩的底栖贝类。铁锹头要小而坚固，其柄也不宜太长。

（5）铁凿、铁锤和铁钩：用于采集固着在岩石上或者栖息在岩礁间生活的贝类。

（6）浮游生物网：用于捞取浮游的贝类。

（7）其他：瓷盘、塑料小盆、塑料网筛、培养皿、量筒、吸管、镊子、剪刀、解剖刀、胶手套、标签、棉花、纱布、手电筒和手持放大镜等，都是野外采集不可缺少的用品，其数量可以根据采集人数而定。

如果要对贝类做定性调查的话，还需要配备 GPS 定位仪、透明度盘、酸度计、水温计和采泥器等器具。

三、采集方法

海产贝类的生活习性是多种多样的，除了部分游泳或者寄生生活的种类外，大部分都是属于底栖生活的。它们分别生活在不同的深度和底质环境中，可以根据它们不同的生活环境和方式进行采集。

1. 潮间带贝类的采集

海滨潮间带是采集贝类的主要区域，包括沙、泥、岩石和珊瑚礁等不同的底质环境。

1）岩石岸、珊瑚礁贝类的采集

在岩石岸和珊瑚礁海滩栖息着丰富的贝类。一般以内海湾、坡度不大较为平坦、乱石块多而藻类丛生的地方贝类较多，尤其是退潮以后、海水不能完全退走并掺有乱石块的浅水塘内，不但有贝类栖息，而且生活着多种多样的无脊椎动物。与此相反，陡峭、光滑而且潮水直接冲击的岩岸，贝类的种类比较贫乏。

在岩石岸和珊瑚礁营固着或附着生活的贝类很多，在潮间带不同的潮区都有分布。有些贝类吸附在岩石的表面，容易被发现和采集，使用刀、铲和镊子等即可采集到，如石鳖、鲍及笠贝等以其肥大的足部紧紧吸附在岩石上，采集时要乘其不备、突然取之，才能采集到完整的标本。有些贝类如牡蛎、海菊蛤、猿头蛤及蛇螺等固着在岩石上生活，可以使用铁锤和凿子等工具自其壳顶凿取下来。有些贝类如贻贝、钳蛤、蚶及珍珠贝等栖息在岩石缝隙、洞穴中或石块下，除了使用刀、铲和凿等工具外，还要用铁钩辅助。部分在岩石、珊瑚礁或木船木材中凿穴栖息的种类，仅以一些小孔洞与外界相通，一般较难发现和采集，必须仔细观察。发现可疑孔洞后，先用镊子试探，有水冒出者里面肯定有动物，然后分别用凿、斧和刀把岩礁或木材敲凿开。敲开有孔洞的岩礁可以采集到海笋和石蛏等；凿开有孔洞的木桩、木块可以找到船蛆。

在岩石岸和珊瑚礁栖息的贝类绝大多数营自由生活。退潮后，除了少数暴露在外面外，大多数都隐藏在石块下或岩石缝隙间，采集时必须翻动大小不一的石块寻找。这样，不仅可以采集到退潮后隐藏到里面的贝类，还能找到本来就生活在石块下面的动物。不少营自由生活的贝类有昼伏夜出的习性，如宝贝、芋螺等喜欢在黄昏后开始活动，退潮如果是在夜间，就可以在低潮区采集到不少贝类标本。

2）沙滩、泥沙滩和泥滩贝类的采集

沙滩是指沙粒较细的海滩。泥沙滩为沙多泥少或泥、沙掺半的海滩，一般在靠近内湾、滩平而波流静稳、大潮时海水退得较远的地方，生活在上述环境的贝类最多。泥滩是指沙质少的软泥滩，在这种底质环境生活的贝类种类较少。沿海的泥滩大多数在河口附近，淡水入海为其带来大量的有机物质，适合一些贝类的生存，是人工养殖贝类的良好区域。

在沙、泥和泥沙底质海滩生活的贝类可以分为底内生活和底上生活两大类群。在底内生活的贝类，绝大多数是瓣鳃纲动物，它们用斧足挖掘泥沙而潜居底内，要不是波浪和水流的冲击，甚少自动出来活动。瓣鳃纲动物钻入沙内，只是在涨潮时以其身体后端的出、入水管伸出地面，从海水中摄取营养物质——浮游生物来维持生命；退潮后，它们便把水管缩入沙内，因此，在海滩上留下了它们活动的痕迹——各种形状、大小不同的洞穴。通常在较硬的海滩上，洞穴与水管的形状相符；而在松软的沙或泥沙滩上，动物水管缩入沙内后，由于洞口周围的泥沙涌入洞穴中，地面呈漏斗状凹陷而难以辨别。例如，竹蛏在较硬的沙滩上留下的洞穴近似"8"字形，沿海居民常把长约50cm的铁丝弯成"U"形，一端具小钩，插入竹蛏"8"字形的洞穴中，把它钩钓上来；或者用铁锹挖去沙滩表面6~7cm厚的泥沙，加少许食盐于洞穴中，竹蛏受到盐度骤然升高的刺激即从穴内深处上升到洞口，这样不仅省力，还能获取比较完整的标本。在松软的沙滩上，竹蛏的洞口表面呈漏斗形，先用铁锹挖开表层泥沙，如果洞道呈椭圆形，便可判断为竹蛏，继而往下挖掘，动作要快，因为竹蛏向下退缩较快，而且栖息较深。不同的种类在泥沙中栖息的深度不同，如江珧的贝壳前端插入泥沙中，以足丝与砂砾固定位置，只有后端小部分露出地面，我们可以用铁锹从旁边挖取；而帘蛤和蚶类大多数潜居在数厘米深的泥沙内，贝壳边缘有时甚至露出地面，它们在海滩上活动后往往留下各种形状的凹陷，常用铁耙刮取或用铁铲和镊子掘取。对于樱蛤和紫云蛤等栖息较深的种类，其采集方法与竹蛏相仿。

匍匐在沙滩或泥沙滩上营底上生活的种类，绝大部分是腹足纲动物，这些动物在海滩上爬行，身体完全暴露，如汇螺、蟹守螺、凤螺、织纹螺和海兔等，在退潮时垂手可以采集到。虽然也有些种类在爬行终止时潜入沙中，但是大多数较浅或仅隐其身，而且常常留下爬行的足迹，如采集蛄螺、玉螺、榧螺和壳蛞蝓等，可以根据它们爬行的沟痕去寻找。也有些种类如帆螺喜欢以腹足吸附在一些空螺壳内；猫爪牡蛎往往是若干个体一起固着在小石块或空贝壳上生活；黑口滨螺多栖息在红树的基部或枝杈上……可见，底上生活的种类要比底内生活的种类容易采集，只要我们根据各种贝类不同的生活习性仔细寻找，就能获取大量的标本。

潮间带贝类的采集除了上述各种底质环境外，还可以到海滨高潮线附近拾取空贝壳，或用筛子筛选一些微型的贝壳，仔细寻找会收获不少。尤其是暴风雨过后，在潮下带栖息的种类往往被卷上海滩，越是平坦的海滩，冲上来的贝类越多，这样可以采集到不少在潮间带没有的种类。此外，到海鲜市场搜集所需要的标本，也能弥补在潮间带采集的不足，在那里，我们不仅可以搜集到一些在潮间带泥沙中栖息较深而不易挖到的贝类，如竹蛏和紫云蛤等，还能补充一些潮下带的种类，如瓜螺和管角螺等。我们甚至可以到渔民居住区附近的垃圾堆寻找被取肉后丢弃的贝壳。

2. 潮下带贝类的采集

潮下带的贝类栖水较深,浩瀚的海洋同样有沙、泥、砂砾和岩礁等各种不同的底质,我们可以根据不同的底质采用拖网或潜水的方法采集。也可以到渔市和水产公司搜集,只要细心寻找,定能获取更多珍稀的贝类标本。

四、注意事项

(1)注意保护国家的动物资源和生态环境,采集标本应该重质不重量。初到海滨的人往往因为好奇心而忽略了对动物资源的保护,所以,采集时要重点观察周围的生态环境,做到适量采集。不仅要采集大型的贝类,还要注意采集小型或有保护色的贝类,尽可能采集成体、幼体各个不同生长阶段的标本,要求标本完整、不风化、分类特征明显。如果采集到珍稀的标本,尽管不完整,也要保留作为该地区的资源依据,待日后采集到完整的标本时方可丢弃。采集时需要翻动大小石块寻找贝类,由于在石块下常生活着许多其他的海洋动物,因此,应该把翻转的石块恢复原样,以保护其他生物的生存。

(2)采获的标本要分别装放。对于所采回的各种大小、软硬不同的贝类标本,必须分别装放在不同的瓶、管或采集桶内,不能混杂堆放,以免损伤标本。尤其是一些微型的贝类,更要注意装放好。需要进行麻醉处理的种类,应放在装有海水的瓶、管内,要经常更换新鲜海水,以免动物死亡。

(3)采集时要特别注意有毒的动物。海洋动物中有些种类是有毒的,如棘皮动物中的刺冠海胆、腔肠动物的薮枝螅和一些水母、贝类中的芋螺等,在采集时不可避免会遇到,因此要用镊子或其他工具采集,直接放入采集桶或玻璃瓶内,对于一些不认识的动物,切勿以手触碰或捉拿,以免受伤害。

(4)爱护采集工具。每次采集归来后,必须用淡水冲洗采集工具(尤其是金属用具)并晾干,可以延长其使用寿命。

五、作业

1. 写出采集所用的主要工具和药品。
2. 写出贝类采集的方法及注意问题。

实验十五 贝类标本的处理和鉴定

一、实验目的

初步掌握制作浅海贝类标本的基本方法和处理方法,以便长久保存采集到的珍贵标本;掌握贝类的鉴定及其分类方法。

二、实验药品

贝类标本处理常用药品可按用途分为麻醉剂、固定剂和保存剂,但是也有些药品是具有多种用途的,下面介绍几种常用药品。

（1）薄荷脑：无色结晶，医药上为局部麻醉剂。可以磨成碎末直接撒在培养动物的海水中，或把它缝制在纱布袋中，放入海水中，使动物体逐渐麻醉，既经济又方便。

（2）硫酸镁：白色结晶，可以做成饱和溶液徐徐滴入培养动物的海水中，或者直接把结晶由少渐多加入海水中麻醉动物。

（3）乙醇：市面上出售的医用或工业用乙醇浓度多为 95%，必须稀释成 70%的浓度才能用于处理标本。稀释乙醇时如果没有蒸馏水，可以用凉开水代替，但是不能使用海水或自来水，否则乙醇会与水中的杂质起化学作用发生沉淀，使液体浑浊不清。由于乙醇具有固定、硬化和脱水的作用，因此在处理标本时不仅可以用 70%的乙醇徐徐滴入海水中麻醉动物，还可以用于固定和保存动物。对永久保存的一些小而薄的贝壳种类，要在 70%的乙醇中加入少量碳酸钠（苏打），中和乙醇中的游离酸，可以避免贝壳被腐蚀破坏。目前以乙醇为最理想的贝类标本保存液，它能使贝壳保持亮丽的色泽，但是浓度不能高于70%，否则会使动物组织失水而变硬变脆，不利于保存。由于乙醇具有挥发性，因此要注意定期更换保存液。

（4）福尔马林（甲醛溶液）：市面上出售的为 40%的甲醛溶液（福尔马林原液），稀释成不同浓度的福尔马林时，要把原液按100%计算。配制福尔马林可以使用蒸馏水、自来水或海水。常用 5%的福尔马林固定标本，短期内能保留动物艳丽的体色；使用 2%的福尔马林与 50%的乙醇等量配制成的混合液保存标本，标本不会收缩，效果较好。但是，福尔马林含有游离酸，能侵蚀贝壳使之失去光泽，一般只用于保存贝壳较厚而无光泽的种类。目前有报道福尔马林含有致癌物质，要求慎用。

三、处理方法

要想获取理想的贝类标本，不仅要采集完整的标本，还要掌握好标本处理的方法，否则会前功尽弃。

1. 清洁标本

所有标本在处理前都必须把体表的泥沙、杂质和黏液洗刷干净，方可进行麻醉、固定和保存。需要麻醉的标本必须用海水冲洗，不需要麻醉的标本用海水或淡水冲洗均可。

2. 麻醉标本

先用海水把麻醉用的容器洗刷干净，再注入新鲜海水培养需要麻醉的动物，然后把容器置于不受震动、光线稍暗的地方，待动物恢复到自然生活状态时方可麻醉。投放麻醉剂要适量，以动物身体和触手不发生收缩为度。在麻醉过程中，如果因为麻醉剂投放过多而引起动物身体或触手发生收缩时，应立即停止添加麻醉剂，重新换上新鲜的海水，让动物体恢复正常状态后再进行麻醉。

3. 浸制标本

贝类标本浸制前必须按具体情况进行麻醉处理，浸制方法根据各纲种类不同而有所差异。

1）多板纲

该纲动物俗称石鳖，受到刺激后都会卷缩成一团。因此，在浸制前要用乙醇或硫酸镁麻醉动物约 3h，然后改用 5%的福尔马林或 70%的乙醇固定 24h，最后保存在 70%的乙醇中。或者把石鳖麻醉后，直接在麻醉石鳖的海水中徐徐注入浓福尔马林，使海水中福尔马林的浓度达到 5%～6%，固定的效果也很好。

2）腹足纲

该纲动物大多数具有一个外壳，活动时头、足和外套膜伸出壳外，其外露的触角、足、厣和口腔中的齿舌等形态构造因种类不同而有所差异，为分类的重要依据。因此在麻醉螺类时，要待其头、足等器官伸出后，滴入古柯碱或硫酸镁溶液，充分麻醉后移入 70%的乙醇中固定保存。

该纲后鳃类动物多数无壳，身体柔软而易萎缩。麻醉时要注意观察，谨防因动物体死亡所造成的体色脱褪、身体腐烂或外套膜脱落等现象。当麻醉至动物的触角或二次性鳃不再收缩时，即可向容器中注入浓福尔马林固定，最后保存在 5%的福尔马林溶液中。少数有壳的种类，其壳一般较薄，宜用 70%的乙醇保存。

3）瓣鳃纲

该纲动物如果需要观察其外套膜缘的愈合形式、水管和足的形状时，在浸制前必须先用温水把动物闷死，或者用薄荷脑或硫酸镁麻醉 2～3h，当动物两壳张开、水管和足不再收缩时，在两壳之间插入一木片，以防关闭，然后徐徐注入浓福尔马林固定。

对于一些大型的标本，还需要向动物内脏注入固定液（90%的乙醇 50ml、冰醋酸 5ml、福尔马林 5ml、蒸馏水 40ml），24h 后拔掉木片，保存在 70%的乙醇中。

4）头足纲

该纲动物如乌贼、章鱼都具有长短不一的腕，为了防止腕收缩缠绕，在固定浸制前，必须用淡水或硫酸镁进行麻醉，待动物体不活动时取出，放在瓷盘中，把各腕排好理顺，注入 7%～10%的福尔马林固定。如果标本的个体太大，应往动物体内注入固定液，约 24h 后移入 5%的福尔马林溶液中保存。

一般情况下，浸制标本的存放以不超过标本瓶容量的 2/3 为宜；固定液的浓度要比保存液高些，外出采集回来要及时更换新的保存液；如果乙醇和福尔马林用完来不及补充，可用浓盐水或 60°的白酒暂时代替保存。

4. 干制标本

腹足纲和瓣鳃纲动物贝壳的特征常被作为分类的重要依据，它们贝壳的干制处理方法也各有异同。

1）腹足纲

先用热水或淡水浸泡处死动物（时间不宜过长），除去肉体部分，置于阴暗处，待壳内残留的肉体完全腐烂后用水洗净即可。也可以把螺置于有蚂蚁的地方，利用蚂蚁代为清理壳内的腐肉；或者把螺埋在干沙中，让其肉自行腐烂后用水冲净，晾干保存。大多数前鳃类动物都有一个角质或石灰质的厣，厣的形状、大小和表面的刻纹是鉴定种类的特征之一。在干制有厣的种类时，必须把厣与贝壳同时保存，可以用棉花先把空壳塞满，再把厣粘贴在壳口处。例如，奥莱彩螺、滨螺等小型的螺类，其肉不易取出，可以先用 70%乙醇固定 24h，然后取出风干、保存。

2）瓣鳃纲

把标本置于背阳处，待两壳张开后，在两壳间插入一硬物，以解剖刀切断其闭壳肌，把动物肉体取出，洗净贝壳。趁贝壳的韧带没有干透时（如果已经干透的需要重新泡水使它湿润）把两壳合闭，用线缠好，阴干后再把线去掉，保存。

在干制标本时切勿用水煮熟动物取肉，贝壳只能阴干、不可日晒，否则会使贝壳失去光泽。为了使贝壳显得更加艳丽，有专家认为用盐酸加热处理贝壳效果较好。其方法是：加热 20%～25%的盐酸，在接近沸点时把贝壳放入盐酸中浸泡，时间长短可以根据贝壳的质量、大小而定，一般为 30s 左右，不能超过 1min，否则贝壳受到腐蚀后就无法挽回。

5. 保管标本

贝类标本经过处理后，还要登记编号和存放管理，要做到有条不紊，为研究工作提供方便。

1）标本登记编号

在野外采集到各种标本后，对它们的产地、栖息环境、生活习性和用途等都应该做详细的记录，已经鉴定的标本可以按分类系统顺序登记入册，没有鉴定的标本要按采集顺序编号后登记，这样有助于将来的研究。在标本被登记编号的同时，还要写好相应的标签与标本放在一起，以便查找。

2）标本存放保管

已经鉴定的标本一般按分类顺序存放保管，浸制标本和干制标本应该分开存放。浸制标本大多数是用 70%乙醇保存的，由于乙醇易挥发而影响了标本存放的时间，因此浸制标本通常选择较密闭的标本瓶或广口瓶（盖子要原配的），在瓶口内侧周围抹上一层凡士林油，可以防止乙醇挥发，有利于保存好标本。浸制标本要存放在光线较暗的标本柜内，也可以减少乙醇挥发和避免灰尘。此外，还要定期检查，更换保存液，防止标本发霉损坏。干制标本宜存放在干燥的地方。标本柜最好采用多抽屉式的，抽屉内的标本一般以科为单位存放，柜门还要设置登记卡片，以便查找。

四、作业

1. 按照贝类学分类大纲和分类系统进行鉴定、分类，写出其分类地位。
2. 根据贝类的生活型，写出贝类标本的处理方法和保存方法。

第三章　贝类增养殖学研究性实验

本章实验共 15 个，主要根据我国主要养殖贝类的人工育苗生产、贝类增养殖生态习性和生活习性等需求设计实验，主要为贝类增养殖发展提供实践手段和方法。

实验十六　贻贝肥满度的测定

一、实验目的

通过实验掌握贝类肥满度的测定方法。利用贝类肥满度了解和掌握贝类繁殖和收获的最佳时间，指导贝类的育苗和养殖生产。

二、实验用具

电炉，蒸锅，解剖刀，搪瓷盘，电子天平，游标卡尺，恒温箱等。

三、实验材料

贻贝 100 只。

四、实验方法

取贻贝 100 只，刷净壳表面的杂物，除掉足丝，撬开双壳，排出壳内存水，带壳称其质量，放入锅内蒸黄。然后将煮熟的贻贝剥去贝肉，称量肉、壳质量，再将肉、壳置于 60～70℃的恒箱内烘 24～48h，至不再减重为止。然后分别称量干肉、干壳质量，此后将所得数据，按公式求出肥满度、出肉率。

五、实验内容

（1）用游标卡尺分别测量 50 只贻贝的壳长、壳宽、壳高，并按 1、2、3……49、50 做好标记，并求出平均值。

（2）再用电子天平对上述测量的 50 只贻贝分别称个体重（带壳重）、熟肉重、干壳重、干肉重，并分别求出其平均值。

（3）出肉率的公式为

$$出肉率 = \frac{干肉重}{鲜贝重} \times 100\%$$

（4）肥满度的公式为

$$肥满度 = \frac{干肉重}{干壳重} \times 100\%$$

六、实验结果

将实验结果填于表 3-1。

表 3-1　肥满度数据表

测量项目	时间：　　　　水温：				
	大	中	小	平均值	备注
壳长/cm					
壳宽/cm					
壳高/cm					
个体重（带壳重）/g					
熟肉重/g					
干壳重/g					
干肉重/g					
出肉率/%					
肥满度/%					

七、作业

1. 简要描述实验经过，写出测定结果。
2. 简述一下贻贝收获的最佳季节。

实验十七　不同温度对太平洋牡蛎受精力及胚胎发育速度的影响

一、实验目的

不同贝类的生殖细胞，其活力、受精力及胚胎发育的速度各不相同，而温度是决定它们不同的关键因素之一，通过本实验，使学生了解温度对太平洋牡蛎精子、卵子的活力、受精力及胚胎发育速度的影响。

二、实验用具

光学显微镜，烧杯，滴管，载玻片，盖玻片，培养缸，充气机，擦镜纸，吸水纸，温度计，控温仪等。

三、实验材料

成熟的雌、雄太平洋牡蛎各 10 只。

四、实验内容

1. 观察性腺的发育状况并辨别雌、雄

活体解剖成熟期的太平洋牡蛎，去掉右侧贝壳，暴露出软体部，用肉眼观察性腺分布

部位及发育状况，并用水滴法辨别雌、雄，显微镜下观察精、卵成熟度时用吸管吸取少量精子、卵子，观察卵子的形态及精子的活力。

2. 获取精子、卵子悬浮液

选取性腺发育好的雌贝，剥离卵巢，破碎后用 500 目的筛绢过滤，获得卵子悬浮液；选出性腺发育好的雄贝，用吸管吹打法获取成熟精液。

3. 观察

（1）温度及离体时间对精子、卵子活力的影响：将精子、卵子悬浮液分别置于不同温度下，如 15～16℃、18～20℃、20～23℃、24～26℃等，每隔 2h 观察一次卵子的形态和精子的存活状况及受精率。

（2）温度及卵子离体时间对受精力的影响：在不同温度、不同剥离时间下，取一定量卵子悬浮液并滴加活力强的精液使之受精，2h 后统计受精率及正常发育胚胎比例。

（3）温度对胚胎发育速度的影响：观察比较不同温度条件下胚胎发育的速度。

五、实验结果

（1）统计不同温度下太平洋牡蛎卵子离体时间与受精力的关系。
（2）统计同一温度下卵子的离体时间与受精力的关系。
（3）统计不同温度下精子的存活时间。
（4）统计温度与胚胎发育速度的关系。

六、作业

1. 写出观察的实验结果及报告。
2. 精子、卵子的存活时间与温度高低有何关系？
3. 实验结果对于科研及生产实践有何指导作用？

实验十八　栉孔扇贝的人工授精和幼虫培育的观察

一、实验目的

通过实验掌握栉孔扇贝的人工授精和幼虫培育方法。掌握贝类诱导产卵方法，为进行贝类苗种生产打下基础。

二、实验用具

显微镜、测氧仪、pH 计、温度计、白瓷盘各 1 个，解剖工具 1 套，培养缸 4 只，500ml 烧杯 4 只，玻璃棒 1 只，温度表（0～50℃）1 支等。

三、实验材料

性腺成熟的活体栉孔扇贝。

四、实验内容

1. 测量和雌、雄的区分

取鲜活的成熟栉孔扇贝 10 只，测量壳长、壳宽、壳高，求出最大值、最小值及平均值，将壳表面杂物洗刷干净，置于背阴处，阴干刺激 2h，然后放入培养缸中，加入新鲜过滤的海水，观察其精/卵排放情况。按性腺颜色区分雌、雄，分开产卵、排精。

雄体：排放时精液呈乳白色，烟雾状。

雌体：排放时成熟的卵子呈浅橘黄色，颗粒在水中均匀散开。

2. 受精

将正在排放的雌、雄亲贝从培养缸中取出，分别置于事先备好盛有海水的培养缸中继续排放，然后取卵液 1000ml，加入少许精液，用玻璃棒搅拌，待 10min 后，镜检受精情况：一般每个卵子周围以 2~3 个精子为宜。

3. 幼虫培育的观察

将孵化的幼虫移入培养缸中，计算密度，测量水温，观察胚胎发育并做好记录（表 3-2）。

表 3-2　温度对幼虫各期发育的影响

时间：　　　　　温度：　　　　　密度：

发育阶段	受精后经过时间	发育阶段	受精后经过时间	发育阶段	受精后经过时间
第一极体		32 细胞		壳顶初期	
第二极体		桑椹胚期		壳顶前期	
2 细胞		囊胚期		壳顶后期	
4 细胞		原肠期		变态附着期	
8 细胞		担轮幼虫期			
16 细胞		直线铰合期			

日常管理：每天早六点，午后两点测量水温，每隔 2h 充气一次。

（1）幼虫密度：孵化时 50~100 个/ml，担轮幼虫 20~50 个/ml，D 形幼虫 10~15 个/ml，壳顶期 8~10 个/ml。

（2）投饵密度：D 形幼虫开始投饵，饵料要新鲜，无老化，硅藻密度为 7000~8000 个/ml，此后随幼虫增长可增至 1 万~3 万个/ml，扁藻 5000~8000 个/ml，每天投饵 2~3 次，镜检以胃内颜色深褐色为宜。

（3）水质：水质要清洁，无污染，无敌害，担轮幼虫期前不必换水，D 形幼虫后可增至 1/2，换水时温差±1℃，换水后需投饵。

（4）变态附着：变态前要及时投放附着器，附着器以处理好的聚乙烯网片为宜，幼虫附着后，要加大投饵量及换水量和充气量。

五、作业

1. 将实验的全过程简单复述，写出实验报告。
2. 简述一下诱导扇贝产卵的几种方法。
3. 简述温度对幼虫发育速度的影响。

实验十九　温度、盐度对海湾扇贝胚胎发育的影响

一、实验目的

海湾扇贝是我国北方沿海地区主要的海水养殖贝类之一，养殖苗种必须通过人工育苗获得，而胚胎发育是其育苗的基础和关键，其中温度和盐度是影响胚胎发育的重要环境因子：温度决定了胚胎发育的快慢；盐度影响着胚胎发育的卵裂率、孵化率。温度和盐度是最重要的海洋生态因子，对一些双壳贝类的单一和组合影响进行研究，对提高胚胎发育速度和孵化率具有重要意义。

二、实验材料及用具

（1）实验用的材料：取自贝类育苗场培育成熟的海湾扇贝，在水温为 20～22℃时，用阴干、流水、升温刺激的方法诱导成熟亲贝产卵、排精。当胚胎发育到 8 细胞期、担轮幼虫和 D 形幼虫时，加以浓缩，用于实验。

（2）实验温度：用温控仪控制（变化幅度＜±0.2℃），用精密温度计（精度为 0.01℃）测量水温。

（3）实验盐度：实验用高盐度海水是通过加海水素与自然海水（盐度为 30）混合而成的，低盐海水是去离子水与自然海水混合而成的。

（4）实验容器为 5000ml 圆形塑料桶，实用水体为 3000ml。

三、实验内容

1. 温度对胚胎的单一影响实验

在盛有自然海水的实验桶中，将受精卵放入温度分别为 16.0℃、18.0℃、20.0℃、22.0℃、24.0℃、26.0℃、28.0℃、30.0℃的实验桶中，当 10%胚胎发育到 D 形幼虫时所需要的时段为孵化时间，适时观测。

将受精卵、8 细胞期胚胎和担轮幼虫分别放入温度为 18.0℃、20.0℃、22.0℃、24.0℃、26.0℃、28.0℃、30.0℃的实验桶中，发育成 D 形幼虫即孵化，适时测定孵化率。

2. 盐度对胚胎的单一影响实验

在实验温度为 22℃的条件下，将受精卵、8 细胞期胚胎及担轮幼虫分别放入盐度为 20.0、22.5、25.0、27.5、30.0、32.5、35.0、37.5、40.0、42.5、45.0 的实验桶中，30h 后测定孵化率。

3. 温度和盐度对胚胎的组合影响实验

用 6×6 因子设计温度和盐度对胚胎的组合影响实验。温度为 18.0℃、20.0℃、22.0℃、24.0℃、26.0℃、28.0℃，盐度为 20.0、24.0、28.0、32.0、36.0、40.0。将受精卵同时放入 36 个实验桶中，适时测定孵化率。

四、实验结果

（1）记录数据并处理。
（2）观察温度对胚胎发育的影响。
（3）观察盐度对胚胎发育的影响。
（4）观察温度、盐度对胚胎发育的组合影响。

五、作业

1. 写出本次实验的实验报告。
2. 简单叙述扇贝人工育苗时，温度和盐度对其的影响。

实验二十　温度、盐度对海湾扇贝幼虫生长发育的影响

一、实验目的

海湾扇贝是我国北方沿海地区主要的海水养殖贝类之一，养殖苗种通过人工培育获得。苗种生产的最主要生态限制因子是温度和盐度。温度决定了育苗的时机；盐度影响着育苗场海区的选择和幼虫生长发育速度。温度和盐度是最重要的海洋生态因子，对一些双壳贝类的单一和组合影响进行研究，对提高幼虫成活率和生长发育速度及育苗成功率具有重要意义。

二、实验材料及用具

（1）实验用的材料：取自贝类育苗场培育成熟的海湾扇贝，在水温为 20~22℃时，用阴干、流水、升温刺激的方法诱导成熟亲贝产卵、排精。当胚胎发育到 8 细胞期、担轮幼虫和 D 形幼虫时，加以浓缩，用于实验。

（2）实验温度：用温控仪控制（变化幅度<±0.2℃），用精密温度计（精度为 0.01℃）测量水温。

（3）实验盐度：实验用高盐度海水是通过加海水素与自然海水（盐度为 30）混合而成的，低盐海水是去离子水与自然海水混合而成的。

（4）实验容器为 5000ml 圆形塑料桶，实用水体为 3000ml。

三、实验内容

1. 温度对幼虫的单一影响实验

将刚孵化出的 D 形幼虫放入温度分别为 16.0℃、18.0℃、20.0℃、22.0℃、24.0℃、

26.0℃、28.0℃、30.0℃的实验桶中（盐度为 30.0±1.0），在 5d 和 10d 时，测定幼虫的死亡率和生长率。

2. 盐度对幼虫的单一影响实验

将刚孵化出的 D 形幼虫放入盐度分别为 18.0、20.0、22.0、24.0、26.0、28.0、30.0、33.0、36.0、39.0、42.0、45.0、48.0 的实验桶中［温度为（22.0±0.5）℃］，在 5d 和 10d 时，测定幼虫的死亡率和生长率。

3. 温度和盐度对幼虫的组合影响实验

用 6×6 因子设计温度和盐度对幼虫的组合影响实验。温度为 16.0℃、18.0℃、22.0℃、26.0℃、30.0℃，盐度为 12.0、18.0、24.0、30.0、36.0、42.0。将刚孵化的 D 形幼虫同时放入 36 个实验桶中，在 5d 和 10d 时，测定幼虫的死亡率和生长率。

四、实验结果

（1）记录数据并处理。

（2）观察温度对幼虫生长及存活的影响。

（3）观察盐度对幼虫生长及存活的影响。

（4）观察温度、盐度对幼虫生长和存活的组合影响。

五、作业

1. 写出本次实验的实验报告。

2. 简单叙述扇贝人工育苗时，温度和盐度对其的影响。

实验二十一 牡蛎的摄食方式及鳃纤毛运动的观察

一、实验目的

（1）通过本实验，了解瓣鳃类摄食方式及其对食物的选择，为贝类培育过程中的饵料选择提供条件。

（2）通过本实验了解贝类鳃纤毛运动的规律及其与环境因子的关系，进一步了解鳃纤毛运动对于摄食、呼吸的作用。

二、实验用具

（1）解剖器，白搪瓷器，刷子，有色的粉笔，虹膜剪和显微镜等。

（2）恒温水浴锅，二脚规，直尺，凹玻片，滴管，玻璃，500ml 烧杯，温度计，量筒，比重计，pH 试纸，浓盐水，NaOH 和 HCl 等。

三、实验材料

活体牡蛎。

四、实验内容

1. 牡蛎摄食方式的观察

（1）清除牡蛎壳表的杂物、污泥。

（2）取去左壳（注意勿损伤其心脏），将软体部留在右壳内，用过滤的海水清洗几次，然后放在盛有海水的容器中。

（3）用细镊子小心地把包裹在上面的一片外膜拉起并翻转过来，让鳃瓣暴露出来，同时剪开外套膜前端的愈合部分，并翻起露出唇瓣。

（4）用镊子小心地把粉笔灰撒在鳃和唇瓣表面不同部位。

2. 鳃纤毛运动的观察与测定

（1）打开蛎壳，清洗干净并放在清洁的海水中备用。

（2）配制不同 pH 和不同相对密度的海水。

pH：3～4　　　7～8　　　10～11

相对密度：1.000　　　1.010　　　1.035　　　1.045

（3）在鳃的边缘部分用剪刀剪下一小片，放在凹玻片中，置于显微镜下观察鳃丝的分布、鳃纤毛的排列及其运动规律，并观察水流方向及快慢。

（4）取三小片鳃片，然后分别置于不同 pH 的溶液中，浸泡 3min，再放在显微镜下观察，记录鳃纤毛运动的不同（表 3-3）。

表 3-3　不同 pH 海水中鳃纤毛运动情况

pH	3～4	7～8	10～11
鳃纤毛运动情况			

（5）用不同相对密度的海水浸泡鳃片，观察鳃纤毛的运动（表 3-4，方法同上）。

表 3-4　不同相对密度海水中鳃纤毛运动情况

相对密度	1.000	1.010	1.035	1.045
鳃纤毛运动情况				

（6）在常温下取鳃一小片，洗净，放在白搪瓷盘中，加入海水，只要刚淹及鳃片即可，然后观察鳃片在搪瓷盘上的爬行情况，并用铅笔在后边追随它的行迹，观察 1min，量取它走的距离，计算其速度。

五、实验结果

（1）观察：留心察看粉笔灰在鳃表面的移动现象，以及牡蛎的选食和运食情况。

（2）观察并简述结果。

（3）结果与讨论。

六、作业

描述上述两种方法的过程和观察的实验现象，写出实验报告。

实验二十二　扇贝的养殖生物学测量

一、实验目的

通过扇贝养殖生物学的测量，掌握贝类生长的情况和体重增重情况，可正确指导贝类的养殖生产及收获季节的选择。

二、实验材料及用具

（1）工具：解剖盘、游标卡尺、天平、解剖剪、解剖刀、镊子、硫酸纸等。

（2）实验材料：海湾扇贝或栉孔扇贝。

（3）药品：乙醇（75%）、甲醛（5%）等。

三、实验内容

（1）测量：取海湾扇贝活体20只，用游标卡尺测量壳长、壳高、壳宽（精确到±0.05mm），并计算平均值。

（2）称重：用天平称量每只海湾扇贝的体重。

（3）计算出肉率、出柱率：取海湾扇贝解剖后，分别称量其软体部重、闭壳肌重（繁殖季节称性腺重），计算其每个出柱率和出肉率，求出其各自的平均值。

$$出柱率 = 闭壳肌重/带壳鲜贝重×100\%$$
$$出肉率 = 软体部重/带壳鲜贝重×100\%$$
$$性腺指数 = 性腺重/软体部重×100\%$$

（4）食性分析：取甲醛（5%）浸泡固定后的个体，解剖软体部，横切消化腺，取扇贝胃含物于显微镜下进行观察，定性分析，并鉴定到属种，如菱形藻、圆筛藻、舟形藻、有机碎屑，计算出各种类所占百分比。

（5）撰写实验报告：根据本次实验所得数据，进行统计并绘图表。

四、实验结果

将实验结果填于表 3-5 和表 3-6。

表 3-5　体长测量记录表　　　　　　　　　　（单位：mm）

序号	壳长	壳高	壳宽
1			
2			
3			
4			
5			
6			
7			

续表

序号	壳长	壳高	壳宽
8			
9			
10			
11			
12			
13			
14			
15			
16			
17			
18			
19			
20			
平均			

测量者：　　　　　填表者：　　　　　年　月　日

表3-6　干贝出成率和出肉率统计表

序号	带壳鲜贝重/g	软体部重/g	闭壳肌重/g	性腺重/g	干贝出成率/%	出肉率/%	性腺指数/%
1							
2							
3							
4							
5							
6							
7							
8							
9							
10							
11							
12							
13							
14							
15							
16							
17							
18							
19							
20							
平均							

测量者：　　　　　填表者：　　　　　年　月　日

五、作业

1. 写出实验过程和实验结果。
2. 综合分析海区扇贝养殖效果，提出合理化建议。

实验二十三　滩涂贝类沉积物的粒度分析

一、实验目的

底质组成与埋栖贝类半人工采苗和半人工育苗甚至增养殖关系极为密切，因此，掌握底质的分析方法和组成状况，对埋栖性贝类苗种生产和增养殖有指导意义。

二、实验内容

根据样品中碎屑颗粒分布的均匀程度，分别采用以下4种方法进行分析。

1. 筛析法

适用于粗颗粒的分析，其下限为 0.063mm 左右，筛析法的基本原理是选用孔径规格不同的套筛，将样品自粗至细逐级分开。当样品的颗粒大小基本处于筛析粒度范围，即大于 0.063mm 的颗粒多于 85%时，可直接用筛析法进行筛分，操作步骤如下。

（1）将原样全部取出，在一定器皿中充分搅拌均匀，然后按四分法取样分析，取样质量应根据样品中出现的最大颗粒粒径来予以确定，一般情况下，按表 3-7 估算质量，可保证样品具有较好的代表性，从而得到较为精确的固有粒度配比。

表 3-7　筛析法取样质量估算表

最大颗粒直径/mm	最小取样质量/kg	最大颗粒直径/mm	最小取样质量/kg
64（±）	50	9（±）	1
32（±）	25	6（±）	0.5
25（±）	10	5（±）	0.25
19（±）	5	3（±）	0.1
13（±）	2.5	0.2（±）	0.01

（2）在取分析试样的同时，应取 5～10g 测定湿度的样品盛入小的玻璃器皿中，称其湿重后放在电热板上烘干，再移入烘箱以 105℃恒温 2h，然后放入干燥器内冷却 15～20min，在称湿重的同一天平上称干样重，计算出干湿比。

（3）对取好的分析试样先求出干样重，然后用孔径为 0.063mm 的套筛进行水筛。

（4）将水筛后留在套筛中的样品倒入烧杯，放在电热板上烘干，再放入烘箱以 105℃恒温 2h，放入干燥器内冷却 15～20min，然后在百分之一的天平上称重，得出筛前重。

（5）按规定的粒级选取相应孔径的筛绢，在电动振筛上进行筛分得出的各粒级样再进行烘干处理，称其质量，按此步骤可求出＞4mm、4～2mm、2～1mm、1～0.5mm、0.5～0.25mm、0.25～0.125mm、0.125～0.063mm、＜0.063mm 等各粒级百分含量。

（6）注意事项：①振筛时间为 15min 左右；②如果出现碎屑集合体，可对着筛框壁轻轻压碎，但绝不可对着筛网压碎；③刷去嵌入金属丝网目内的岩屑，应用平行丝网刷，以免筛绢变形；④在一批样品分析中，所得称重应尽可能采用同一天平，并注意经常校对。

2. 沉析法（吸管法）

用来测定 0.063～0.001mm 的颗粒。它是根据斯托克斯定律的质点（颗粒）沉降速度，在悬液的一定深度处，按不同时间吸取悬液，由此来求出沉积物各粒级的百分含量。斯托克斯公式为

$$v = 2(\rho_1-\rho_2)g\,r^2/9\mu$$

式中，v 为颗粒沉降系数（cm/s）；ρ_1 为颗粒密度；ρ_2 为液体密度；g 为重力加速度；r 为颗粒（质点）半径（cm）；μ 为液体的黏滞系数。

从斯托克斯公式可以清楚地看出，若颗粒直径大，沉降速度则快；若颗粒直径小，沉降速度则慢。因此，某种粒级经一定时间后可到达某一深度，这样，在一定的时间内从一定深度吸出的颗粒大小都是相同的（表 3-8）。

表 3-8　沉析法（吸管法）采样深度和沉降时间表

粒径/mm	0.063		0.032		0.016		0.008		0.004				0.002				0.001			
深度/cm	15	10	10		10		10		10		5		5		3		5		3	
时间 温度/℃	s	s	min	s	min	s	min	s	h	min	min	s	h	min	h	min	h	min	h	min
10	56	37	2	30	9	58	39	53	2	40	79	47	5	19	3	11	21	3	12	38
11	55	36	2	25	9	41	38	46	2	36	77	31	5	10	3	6	20	28	12	17
12	53	35	2	21	9	26	37	42	2	31	75	23	5	3	3	1	19	54	11	57
13	52	34	2	18	9	10	36	41	2	27	73	22	4	53	2	56	19	22	11	37
14	50	33	2	14	8	56	35	42	2	23	71	25	4	46	2	51	18	51	11	19
15	49	33	2	10	8	42	34	47	2	19	69	32	4	38	2	47	18	22	11	1
16	48	32	2	7	8	28	33	53	2	16	67	46	4	31	2	43	17	53	10	44
17	46	31	2	4	8	15	33	1	2	12	66	3	4	24	2	39	17	26	10	28
18	45	30	2	1	8	3	32	12	2	9	64	25	4	18	2	35	17	0	10	12
19	44	29	1	58	7	51	31	24	2	6	62	49	4	11	2	31	16	35	9	57
20	43	29	1	55	7	40	30	39	2	3	61	18	4	5	2	27	16	11	9	42
21	42	28	1	52	7	29	29	55	1	59	59	50	3	59	2	24	15	48	9	29
22	41	27	1	50	7	17	29	13	1	57	57	24	3	54	2	20	15	25	9	15
23	40	27	1	47	7	8	28	32	1	54	57	5	3	48	2	17	15	4	9	3
24	39	26	1	45	6	58	27	53	1	52	55	46	3	43	2	14	14	43	8	49
25	38	25	1	42	6	49	27	15	1	49	54	31	3	38	2	11	14	23	8	38
26	37	25	1	40	6	40	26	39	1	47	53	18	3	33	2	8	14	5	8	26
27	37	24	1	38	6	31	26	15	1	44	52	7	3	28	2	5	13	45	8	15
28	36	24	1	36	6	22	25	30	1	42	51	0	3	24	2	2	13	28	8	5

续表

粒径/mm	0.063		0.032		0.016		0.008		0.004				0.002				0.001			
深度/cm	15	10	10		10		10		10		5		5		3		5		3	
时间 温度/°C	s	s	min	s	min	s	min	s	h	min	min	s	h	min	h	min	h	min	h	min
29	35	23	1	34	6	14	24	57	1	40	49	54	3	20	2	0	13	10	7	54
30	34	23	1	32	6	6	24	25	1	38	48	50	3	15	1	57	12	53	7	44
31	34	22	1	30	5	59	23	55	1	36	47	49	3	11	1	55	12	37	7	34
32	33	22	1	28	5	51	23	25	1	34	46	50	3	7	1	52	12	22	7	25
33	32	21	1	26	5	44	22	57	1	32	45	53	3	3	1	50	12	7	7	16
34	32	21	1	24	5	37	22	29	1	30	44	57	3	0	1	48	11	52	7	7
35	31	21	1	23	5	30	22	2	1	28	44	4	2	56	1	46	11	38	6	59
36	30	20	1	21	5	24	21	36	1	26	43	13	2	53	1	44	11	24	6	51
37	30	20	1	19	5	18	21	11	1	25	42	22	2	49	1	42	11	11	6	43
38	29	19	1	18	5	12	20	47	1	23	41	34	2	46	1	40	10	58	6	35
39	29	19	1	16	5	5	20	23	1	22	40	46	2	43	1	38	10	46	6	27

注：本表假设颗粒为球体，平均相对密度为 2.65，介质为水

当样品中颗粒大小基本处于沉析法粒度范围，即小于 0.063mm 的粒径超过 85%时，可直接用沉析法求出样品的粒度配比，操作步骤如下。

1）样品制备

（1）取样前应准备好原始记录，将送样单上的有关项目详细填入，严防错乱。

（2）将原样全部取出，盛于一定器皿中充分搅拌均匀后，按四分法取样一份供测定湿度，另一份供沉析法分析。也可以将原样在一光滑玻璃板上摊成薄层，划成若干方格，然后用羹匙从各方格中均匀取样，混合之作为分析试样。

（3）测定湿度的样品，用小的玻璃皿盛取 5～10g 原样，先求出湿重，然后移入烘箱，在 105℃条件下恒温 2h，最后移入干燥器内冷却 15～20min，在同一天平上求得干样重，计算出干湿比。

（4）分析样用较大的玻璃皿（或铝盆）盛样，称取湿样 20～30g（保证干样 10～15g）。取样时应根据黏土含量的多少，适当增减取样数量，以保证悬液维持一定浓度。

（5）在盛装分析试样的器皿中加入 0.5mol/dm^3 的偏磷酸钠（NaPO$_3$）分散剂 20ml。然后用带橡皮头的玻璃棒充分搅拌均匀，并静置浸泡一夜。浸泡后再次反复研磨 5min，使样品块体充分分散。

（6）将经过分散处理后的样品进行湿过筛，方法是将孔径为 0.063mm 的小铜筛套架在 1000ml 的沉降量筒上，用细而急的蒸馏水流细心地将样品反复冲洗，把小于 0.063mm 粒径的颗粒冲洗入量筒，冲洗完后，将小筛中留下的大于 0.063mm 粒径的颗粒洗入烧杯，烘干称重，并算出它的百分含量。

（7）将制备好的悬液，按顺序排列于吸管台上，检查悬液是否为 1000ml。不足时加入蒸馏水，使其恰为 1000ml。

2）悬液的提取

（1）在提取悬液前，应先按顺序摆好盛悬液样品的小烧杯，在记录表上登记皿号。并认真校对，不得有错。

（2）测定水温。方法是另放一量筒于悬液量筒附近，内盛蒸馏水，在量筒上挂一温度计，使水银球浸入量筒中部的水中。在吸液过程中，一般读取一次有代表性的温度就够了。但如果吸液超过 2h，最好测 2 或 3 次温度，分别在搅拌后、吸液前和二者之间测定，求其平均温度值作为颗粒沉降过程中悬液的温度，查表 3-8 得悬液提取的时间。

（3）对悬液进行搅拌。方法是用搅拌器在悬浮量筒中上下匀速搅拌 1min（60 次/min）。搅拌时要细心，既要使悬液充分均匀又要防止悬液溅出，在最后 1s 准时、轻轻地提出搅拌器。提取悬液时间从此刻起算。

（4）在吸液时间到达前的 15s，将吸液移于量筒中心位置，并轻轻地放入悬液的一定深度（查表 3-8）。当吸液时间（查表 3-8）到达时，应准时地开始吸取悬液，在分别提取各粒级悬液时，要熟练地掌握吸液速度，要在 20s 左右（±2s）匀速、准确地吸满 25ml。

（5）将提取的各粒级悬液分别盛入小烧杯中，烘干称重，并算出它们的百分含量。

如果样品普遍较细，做吸管法分析时，可按规定时间提前 5s 开始吸液，如果样品普遍较粗，则不宜提前，否则小于 0.063mm 粒级的含量偏高。

3）注意事项

（1）对悬液进行合理的搅拌是很重要的，搅拌时上下要用力一样，在 1min 内前后匀速搅拌 60 次，在最后 1s 提出搅拌器时要注意尽量使悬液中颗粒呈正常沉降状态。

（2）在吸液过程中，要求准确熟练地掌握操作技术，准时匀速地在 20s 内吸满 25ml，前后误差若超过 2s 应返工，如果提取悬液过量时，在计算时应作校正。

（3）吸液的深度必须与规定的一致。

4）$0.5mol/dm^3$ 浓度偏磷酸钠的制法

称取 51g 偏磷酸钠溶于适量的蒸馏水后，稀释 1000ml。

5）也可以采取其他分散剂或方法（如煮沸法），使样品快速分散，视各海区的具体情况而定。

3. 综合法（筛析法–沉析法）

当样品的颗粒大小从粗至细各粒级均有分布时，应采用综合法进行分析，方法是取双样同时进行筛析法和沉析法平行分析。即取一份测湿度的样品，取两份分析样品。两份分析样品中一份供筛析法使用，分析粒径大于 0.063mm 的粒级配比，另一份供沉析法使用，分析小于 0.063mm 粒径的粒级配比。如果筛析法和沉析法不能同时进行，也可以分别进行，但应分别测定样品的湿度，最后两种方法所求得的百分含量统一平方差，求出校正百分数。

综合法分析的取样和分析方法与前述筛析法完全相同。

4. 淘洗法

称取一定量的沉积物，放在容器内用水淘洗，较细的泥随水流去而剩下砂，称砂质量，总量–砂重 = 泥重。这种方法的优点是简便，缺点是不太准确，数值随技术高低而有不同，只能粗略地将泥砂分开。

三、底质的分级

机械分析粒级分类法（只是根据机械成分，完全忽略了物质成分），采用等比制粒级中的Φ标准，粒径极限为一几何数列，其中每一相邻粒级大小均为其前者之半，即比值为2（表3-9）。

表 3-9　等比制（Φ标准）粒级分类表

粒组类型	粒级名称		粒径范围		代号
	简分法	细分法	mm	μm	
岩块（R）	岩块（漂砾）	岩块	>256		R
砾石（G）	粗砾	粗砾	256～128		CG
			128～64		
	中砾	中砾	64～32		MG
			32～16		
			16～8		
	细砾	细砾	8～4		FG
			4～2		
砂（S）	粗砂	极粗砂	2～1	2000～1000	VCS
		粗砂	1～0.5	1000～500	CS
	中砂	中砂	0.5～0.25	500～250	MS
	细砂	细砂	0.25～0.125	250～125	FS
		极细砂	0.125～0.063	125～63	VFS
粉砂（T）	粗粉砂	粗粉砂	0.063～0.032	63～32	CT
		中粉砂	0.032～0.016	32～16	MT
	细粉砂	细粉砂	0.016～0.008	16～8	FT
		极细粉砂	0.008～0.004	8～4	VFT
黏土（Y）	黏土	粗黏土	0.004～0.002	4～2	CY
			0.002～0.001	2～1	
		细黏土	<0.001	<1	FY

四、底质的命名

在自然界中底质常常含有不同粒径的粒组，多种粒组混合在一起，因此有不同的命名方法。

1. 优势粒组命名法

当样品只有一个粒组含量很高，其他粒组含量均不大于20%时，按优势粒组命名的原则，以该粒组中百分含量最高的粒级相应的名称命名，按粒径范围可划分出如下名称类型，见表3-10。

表 3-10　优势粒组命名表

名称	粒径/mm	名称	粒径/mm
岩块（R）	>256	中砂（MS）	0.5～0.25
粗砾（CG）	256～64	细砂（FS）	0.25～0.063
中砾（MG）	64～8	粗粉砂（CT）	0.063～0.016
细砾（FG）	8～2	细粉砂（FT）	0.016～0.004
粗砂（CS）	2～0.5	黏土（Y）	<0.004

2. 主次粒组命名法

当样品有两个粒组的含量分别大于 20%时，按主次粒组的原则命名。命名时，以主要粒组作为基本命名，次要粒组作为辅助命名，依次可划分出表 3-11 所列的名称类型。

表 3-11　主次粒组命名表

次要粒组	主要粒组			
	砾石（G）	砂（S）	粉砂（T）	黏土（Y）
砾石（G）	砾石	砾砂	砾石质粉砂	砾石质黏土
砂（S）	砂砾	砂	砂质粉砂	砂质黏土
粉砂（T）	粉砂质砾石	粉砂质砂	粉砂	粉砂质黏土
黏土（Y）	黏土质砾石	黏土质砂	黏土质粉砂	黏土

表 3-11 中名称如用代号表示，则将主要粒组代号列后，次要粒组代号列前，中间以横线相连。例如，S-Y（砂质黏土），T-Y（粉砂质黏土）等。

3. 混合命名法

当样品中有 3 个粒组含量均大于 20%时，采用混合命名法进行命名。例如，砂-粉砂-黏土（泥），代号为 STY。

五、作业

掌握底质的分类和命名方法。

实验二十四　滩涂底质粒度的激光粒度分析法

一、实验目的

激光粒度分析仪由于整合了激光技术、光电技术、精密仪器与计算机技术，其测量速度、测量范围和精度发生了质的飞跃；其操作简单、重复性好，现已成为了全世界最为流行的粒度测量仪器。激光粒度分析仪主要完成粒度测量和 Zeta 电位测量。利用现代仪器设备和计算机技术可以快速测定和分析底质，克服了传统底质分析方法时间长、步骤麻烦的缺点，可快速测定海洋底质，为贝类养殖和海洋牧场测定地质状况。

二、实验原理

1. 颗粒对光的散射理论

众所周知，光是一种电磁波，它在传播过程中遇到颗粒时，将与之相互作用，其中的一部分将偏离原来的行进方向，称为散射。

2. 仪器的工作原理

激光粒度分析仪由测量单元、循环样品池、计算机和打印机组成。其中，测量单元是仪器的核心，它负责激光的发射、散射信号的光电转换、光电信号的预处理和模数转换（A/D 转换）；循环样品池用来将待测样品送到测量单元的测量区；计算机用来处理光电信号，将散射光的能量分布换算成样品的粒度分布，并形成测试报告；打印机负责输出测试报告的硬拷贝，即打印测试报告。

三、操作规程

1. 测量单元预热

打开仪器电源总开关，一般要等至少半小时，激光功率才能稳定。如果实验室环境温度较低，则预热时间需适当延长（如重复测试，本步可跳过）。

2. 打开计算机 LS13-320 测试软件

1）湿法操作（需提前将水浴箱与仪器主机连接）

（1）控制选项卡→选择自动清洗（此步也可在水浴箱上手动操作）。

（2）设定泵的转速：如有必要则设定超声的强度和时间，在 20ml 烧杯中加入适量的分散介质（通常是蒸馏水）。

（3）在软件中打开泵（也可在水浴箱上进行）→测量选项卡→手动设置→测量显示窗口。

（4）选项栏：测量选项窗口选择测试内容。

（5）物质栏：设定光学特性，选择正确的样品物质名称及分散剂的名称并输入测试样品编号或名称。

（6）结果计算：选择模型选项卡→通用→确定。

（7）测量栏：在测量选项卡中，设置泵速、超声波时间及强度、测试内容。首次测量前需测试背景值。

（8）点击测量显示窗口的"开始"，用一次性滴管缓慢加入样品，待激光遮光度处于设定的范围内（8%～12%）时，即可"开始"测量样品。

2）干法操作（需提前将干粉台及吸尘器与主机连接）

（1）对试样进行预处理（干燥、研磨等），避免试样结块导致检测结果有误。

（2）将软件测试模式切换为干法。

（3）打开吸尘器，将吸尘管口与干粉测试台连接。

（4）用专用刷清扫载物台及载物量筒，并用专用漏斗将试样均匀置于量筒内。

（5）在软件选项栏中选择测试内容及相关参数。

（6）在物质栏内输入样品编号或名称。

（7）点击"开始"按钮测试，待干粉台指示灯亮起测试结束。

（8）关闭吸尘器电源，撤下载物量筒并清扫干净。

3. 报告打印

在软件报告打印选项卡中分别设置报告参数、显示图例、数据顺序、报告名称等相关选项。预览无误后即可进行报告打印。

4. 关闭实验设备

1）湿法

（1）将水浴台清洗干净后，在样品池内注入少量蒸馏水进行液封处理。

（2）关闭操作软件后方可关闭仪器主机。

2）干法

（1）将吸尘器关闭，拆下干粉台端吸气管。

（2）摁干粉台上的"退出"键退出干粉台，并将其置于无尘环境中。

（3）关闭操作软件后方可关闭仪器主机。

（4）依次点击"测量显示""文档""标记"按钮，输入样品名称等相关信息。

（5）保存、打印分析测量结果。

（6）测量结束，清洗仪器2或3次。

（7）分别关闭主机及分散器的电源。

四、干法、湿法合理选用

干法测试适用于颗粒较大、相对密度较大的试样。

湿法测试适用于微细颗粒（≤200μm）、不溶于分散介质的试样。

五、其他要求

（1）环境要求：10～35℃；相对湿度≤90%。

（2）尽量避免粉尘对水浴台、样品池及载物量筒的污染。

（3）长时间闲置时，开机后需要对仪器进行清洗并对样品池排水口处钢球进行退磁、润滑处理。

（4）仪器进水管过滤器需定期更换脱脂棉。

六、激光粒度分析法应用中需注意的问题

此法采用激光粒度分析仪（图3-1）进行底质的粒度分析，分析范围为粒径＜2mm的底质，最好为粒径＜1mm的砂、粉砂和黏土。此法的优点是样品用量少、速度快，能够准确地分析出各种粒级的含量（图3-2）。

其工作原理：利用颗粒对光有散射现象，根据散射光能的分布推算被测颗粒的粒度分布。

1. 操作过程中为了提高测量精度需注意的一些细节

（1）启用激光粒度分析仪时，最好先让仪器有预热的过程。这个过程一般不少于20min，仪器预热是为了保证激光功率的稳定。如果测试当天的环境温度过低，预热的时间应适当延长。

图 3-1　底质激光粒度分析仪

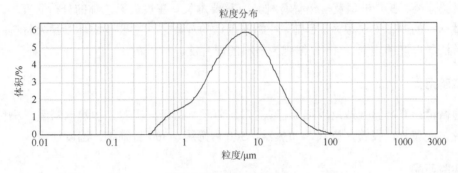

图 3-2　激光粒度分析图

（2）测定样品时，试样要用分散液清洗 3 次以上；测量试样的分布数据时，最好进行不少于两次的测量，然后取平均值。

2. 操作者应做好的安全维护工作

（1）众所周知，激光是高强度、高相干性光源，测量过程中切忌直接用肉眼去看光束；同时激光具有一定的辐射，操作者应避免长时间待在激光束经过的地方。

（2）测量开始的准备过程中，在进行仪器各单元连接时，要确保是在切断电源的情况下操作的，带电操作可能导致人体触电或仪器损坏的事故发生。

（3）仪器接入的电力一定要与仪器相匹配，同时保证设备可靠接地。

3. 仪器的维护工作

（1）仪器的整套设备无论工作与否都应置于干燥整洁的环境，设备在不用时要清干样品池，同时盖上防尘罩。

（2）测试完每个试样后应及时做好样品池的清洁工作。

（3）粒度仪的功率较大，长时间测量时，仪器散热量大，会造成设备发烫。因此，每次测量的持续时间一般不超过 5h。

（4）每次测量完成后，应该及时做好数据的保存工作，并按规定的步骤关闭测量仪器。切忌贸然切断电源，否则可能造成无法预计的损失。

（5）激光粒度分析仪的光学镜头需经常清洗，防止上面的污垢沉积以致难以清洗。为了保证测试精度，光学镜头最好半年一换。

七、作业

熟悉激光粒度分析仪的功能和操作技能及注意事项。

实验二十五　贝类染色体标本的制备技术

一、实验目的

染色体是遗传物质的主要载体,认识贝类染色体的结构与功能,对研究贝类的遗传规律、贝类分类、变异机理及多倍体育种具有重要意义。在贝类染色体的分析研究中,有关染色体标本的制备方法很多。目前,牡蛎染色体的观察方法主要有成体以鳃为材料的体细胞滴片法和以胚胎主要是 4～8 细胞为材料的压片法。

二、实验用具

显微镜,离心管(或培养皿),解剖刀,剪子,镊子,吸管,恒温水浴锅,染色缸,载玻片,盖玻片,吸管,烧杯,加热器,500 目筛绢,300 目筛绢,温度计等。

三、实验药品

秋水仙素,甲醇,冰醋酸,吉姆萨染液,缓冲液(pH 为 6.8～7),苏木精,铁明矾等。

四、实验材料

各种贝类的活体材料,各种贝类受精后的受精卵。

五、实验内容

(一)以鳃为材料制作染色体的方法——滴片法

太平洋牡蛎的鳃由于呈丝状,便于取材,是观察核和染色体的好材料,本实验以太平洋牡蛎的鳃为材料进行制片滴片,具体实验步骤如下。

1. 取材

挑选活力强的太平洋牡蛎洗净外壳,活体解剖立即取鳃小片,用过滤海水迅速冲洗一下。

2. 秋水仙素处理(即预处理)

由于在观察研究体细胞染色体的工作中,以有丝分裂中期的染色体最为合适,因此将鳃移入盛有用海水配制的 50%秋水仙素溶液的离心管中,处理 30～45min(水温 20～25℃)。

3. 低渗

移入 25%海水中(或 0.075mol/L 的 KCl 溶液)低渗 30～45min。

4. 固定

低渗结束后移入盛有卡诺氏液（甲醇：冰醋酸＝3：1）试管内固定，固定液需要更换3～4次，每次时间为15min。

5. 制片

（1）将干净载玻片放在恒温水浴锅上，恒温水浴锅表面温度控制在（50±2）℃预热。

（2）细胞悬液的制备：将充分固定的鳃标本试管内的固定液倒掉，加入45%～50%的冰醋酸轻轻摇，鳃细胞就解离下来，此时可见试管内溶液变得浑浊，细胞浓度应控制在50万～150万个/ml。

（3）滴片：用干净的细管取上述解离液，离载玻片高度15～20cm，每片载玻片可滴5～6滴，滴定后立即用吸管将滴液吸净，自然干燥后备用。

（4）染色：将干燥后的载玻片置于缓冲液中浸泡2min后，放于盛有10%吉姆萨染液的染色缸中，浸染20min，染色结束后用自来水冲洗染片，干后在镜下进行观察。

6. 显微摄影

在光学显微镜下用油镜选择分散好、形态好的中期染色体进行显微摄影，并将照片放大。

7. 染色体核型分析

将放大照片上的一个细胞内的全部染色体，分别一条一条剪下，按照Levan（1964）划分标准编号排列。用胶水将染色体按顺序贴在一张硬纸板上，计算它们的相对长度、臂长、着丝粒指数。

8. 实验中需特别注意的事项

（1）载玻片必须清洗干净，否则效果不好或失败。

（2）染色时间以染色体深度着色为准，染色时间与染液质量、染液pH和材料处理好坏有关，应灵活掌握。如染色过浅可重复染，过染可用乙醇褪色，水冲洗后，重染。

（3）秋水仙素的处理时间和浓度应灵活掌握，随温度不同需要调整。

（4）吉姆萨染液受pH影响明显，pH偏酸时胞质着色较深，pH偏碱时核染得很红，为获得良好着色，用甲醇-冰醋酸（3：1）固定的细胞最好放置过夜，或吹干，让冰醋酸充分挥发。否则在此酸性条件下，细胞核不易着色，发白，而胞质深蓝色。

（5）缓冲液的配制：1/15mol/L Na$_2$HPO$_4$ 50ml，1/15mol/L KH$_2$PO$_4$ 50ml，pH＝6.81。

（6）吉姆萨染液的配制：吉姆萨粉0.5g，甘油33ml，甲醇33ml。

（7）甲醇-冰醋酸（3：1）现用现配。

（二）以胚胎为材料制作染色体的压片法

以成熟的太平洋牡蛎的卵，经人工授精后发育的胚胎为材料，可以进行滴片法和压片法处理。这里主要介绍压片法。

1. 精、卵获取

先把成熟的牡蛎外壳洗刷干净，活体解剖后，选择成熟的种贝，用滴管刺破性腺获取精、卵，先用300目筛绢网过滤一次，再用500目筛绢网洗去组织液，卵最好用海水浸泡30min。

2. 人工授精

把获得的质量好的精、卵进行人工授精，在水温 22～25℃条件下进行发育。

3. 秋水仙素处理

当胚胎发育至 4～8 细胞期时，立即用 500 目筛绢网浓缩出胚胎，放入盛有用 50%海水配制的 0.05%秋水仙素的离心管中进行处理。

4. 低渗

移入 25%海水中（或 0.075mol/L 的 KCl 液）低渗 30～45min。

5. 固定

低渗结束后移入盛有卡诺氏液（甲醇∶冰醋酸＝3∶1）内固定，固定液需要更换 3 或 4 次，每次 15min。

6. 压片

（1）滴片：将上述固定好的胚胎滴到干净的载玻片上 2 滴，自然干燥。

（2）染色：将风干后的载玻片滴上铁矾苏木精液数滴，染色 1～2min 后，放上盖玻片在酒精灯小火烤一下，立即准备压片。

（3）压片：用软纸折叠后先用铅笔轻轻敲打盖片几次，再用食指轻轻压紧一段时间，具体应根据经验而灵活掌握。总之要使染色体分散开、伸展开、不断裂和逸出细胞之外，便于镜检。

（4）封片：通过镜检合格的压片可作为永久制片，先用二甲苯透明处理 10～20min，再用光学树胶封固，在 37℃的干燥箱中放置 24h。

7. 显微摄影

在光学显微镜下用油镜选择分散好、形态好的中期染色体进行显微摄影，并将照片放大。

8. 染色体核型分析

将放大照片上的一个细胞内的全部染色体，分别一条一条剪下，按照 Levan（1964）划分标准编号排列。用胶水将染色体按顺序贴在一张硬纸板上，计算它们的相对长度、臂长、着丝粒指数。

镜检后，将较好分裂象的片子冷冻，待干燥后用中性树脂封片，以备长期保存，显微观察拍照，进行核型分析。

染色体形态：观察染色体的长度、着丝粒及次缢痕的位置、随体的形态等。

（1）长度测定：指在显微镜下用测微尺直接测量到的从染色体一端到另一端的线性长度，通常以微米表示。染色体的绝对长度常因分裂期的差异、前处理方法的不同而有所变化，因此绝对长度的数据也只有相对意义。

相对长度：是每条染色体的绝对长度与正常细胞全部染色体总长度的比值，通常用百分比表示，即相对长度＝每条染色体长度/染色体的总长度。相对长度不会因分裂期和前处理方法的不同而产生差异，因此是可靠的。所以，染色体长度通常以相对长度表示。

（2）着丝粒的位置：一般来说，每条染色体着丝粒的位置是恒定的，染色体的两臂常在着丝粒处呈不同程度的弯曲。着丝粒位置的测定常用 Evans 提出的方法，即以染色体的长臂（L）和短臂（S）的比值来表示，即臂比＝长臂的长度/短臂的长度（表 3-12）；着丝粒指数＝短臂长度/染色体全长。

表 3-12　着丝粒分类表

	臂比（长臂长度/短臂长度）	表示符号
正中着丝粒	1	M
中部着丝粒	1～1.7	m
近中着丝粒	1.7～3.0	sm
近端着丝粒	3.0～7.0	st
端部着丝粒	7.0 以上	t

（3）核型表示法（图 3-3）：

染色体长度可分为长（L）、中（M）和短（S）三类。

若不能明显分为三类，可以按长短顺序依次排列为 A、B、C、D、E……来表示。

着丝点（kinetochore）的位置以 M、m、sm、st、t 来表示。

随体（satellite）以 Sat 表示。

异染色质（heterochromatin）以 H 表示。

次缢痕（secondary constriction）以 Sc 表示。

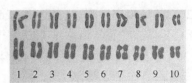

染色体数(2n)　　　　　　　　染色体核型

图 3-3　牡蛎的染色体标本图

六、作业

1. 叙述贝类染色体制片的方法和核型分析的方法。

2. 写出所观察贝类的染色体数和核型。

实验二十六　牡蛎幼虫干露时间的测定

一、实验目的

（1）目前，牡蛎的国内外市场需求大量增加，因此加工和养殖单位每年都要购买大量的成贝和幼苗，但由于对干露时间缺乏充分了解，常出现大量死亡现象，造成较大的经济损失，因此需要测定牡蛎的干露能力。同时，本实验的开展也为牡蛎互联网＋和冷链物流提供了理论基础。

（2）由于幼虫培育期较长，附着基运输不便等，一些育苗单位往往需要进行异地采苗，也需要对幼虫的干露时间有所掌握，本实验探讨了不同温度和不同湿度下的干露时间对太平洋牡蛎成贝、幼贝、稚贝及其幼虫成活率的影响规律，为科研提供理论依据，并对育苗、养殖生产和加工单位具有一定的指导作用。

二、实验材料及用具

（1）太平洋牡蛎成贝、D 形幼虫、壳顶中期幼虫、眼点期幼虫：成贝的平均壳长为 10cm，肥满度为 20%～25%；D 形幼虫的壳高为 104μm，壳长为 86μm；壳顶中期幼虫的壳高为 242μm，壳长为 218μm；眼点期幼虫的壳高为 348μm，壳长为 314μm；幼贝和稚贝的大小分别为 5～10mm 和 0.5～1mm。

（2）500ml 烧杯 20 个，聚乙烯盆 8 个，温度表 2 个，纱布、筛绢若干等。

三、实验内容

1. 成贝在不同干露状态下的成活率

本实验根据干露状态和干露环境温度不同分为四大组。取出 200 只健康的成贝，用纱布将表面的水分吸干，将其中 100 只放入两个干净空盆中干露，每盆各 50 只成贝；其余用干净湿润的纱布包好放入另外两个干净空盆中，每盆也为 50 只成贝，保持纱布一直处于湿润状态，最后把 4 个盆同时放在 5～6℃的环境中干露；另取 200 只成贝按相同的步骤处理后放于 18～20℃的环境中。观察各组 1d、2d、4d、6d、8d、10d、12d、14d、16d 成贝的成活情况，死亡是以放在正常海水中 6h 后壳张开不能闭合为标准，计算其成活率。以在 5～6℃和 18～20℃水温下，对应培育 1～16d 牡蛎成贝的成活率为 100%作对照组。

2. 幼贝在不同干露状态下的成活率

分别取 1200 只幼贝，平均分成 24 份，用筛绢包好，各取 12 份置于 5～6℃和 18～20℃的环境中，每 12 份中 6 份为湿润条件，6 份为干燥条件，分别干露 4h、8h、12h、16h、20h、24h 后，放入过滤的海水中 6h，以壳张开不能闭合作为死亡标志，观察其成活数和死亡数，以在 5～6℃和 18～20℃水温下，对应培育 4～24h 牡蛎幼贝的成活率为 100%作对照组。

3. 稚贝在不同干露状态下的成活率

稚贝在不同干露状态下的成活率实验方法同幼贝。

4. 幼虫在不同干露状态下的成活率

将 D 形幼虫用 24 块 300 目的筛绢（10cm×10cm）过滤出，12 块筛绢保持干燥，另 12 块筛绢用湿润的纱布包好起保湿的作用，放在 24 个 500ml 洁净干燥的烧杯中；将其中 12 个烧杯置于 5～6℃的环境中，其余的置于 18～20℃的环境中。分别干露 4h、8h、12h、16h、20h、24h 后，干露后放入过滤的海水中 6h，以幼虫停止活动、不能上浮作为死亡的标准，观察其成活数和死亡数，以 18～20℃水温下，对应培育 4～24h 牡蛎幼虫的成活率为 100%作对照组。

壳顶中期幼虫、眼点期幼虫的测量方法与 D 形幼虫的测量方法类似。

5. 成活率的计算方法

成活率的计算方法为

$$成活率 = 成活数/开始干露总数 \times 100\%$$

6. 湿润和干燥的条件

在空气湿度为 80%的条件下，湿润条件是指实验样品保持潮湿的条件下，实验期间需喷洒小量水保持湿润。干燥条件是指实验样品保持干露的条件下,实验期间不需喷洒水。

四、实验结果

1. 成贝在不同干露状态下成活率的比较

成贝在 5～6℃和 18～20℃的温度下，在不同的湿度下，比较不同干露时间的成活率。

2. 幼虫在不同温度状态下成活率的比较

在 5～6℃和 18～20℃的温度下，比较太平洋牡蛎的 D 形幼虫、壳顶中期幼虫、眼点幼虫在干燥、湿润条件下，不同干露时间的成活率。

3. 稚贝在不同干露状态下成活率的比较

在干露和湿润条件下，比较稚贝在 5～6℃和 18～20℃干露状态下的成活率。

4. 幼贝在不同干露状态下成活率的比较

在干露和湿润条件下，比较幼贝在 5～6℃和 18～20℃干露状态下的成活率。

五、作业

1. 写出长牡蛎不同发育时期的干露时间及成活率。
2. 掌握不同温度下长牡蛎成贝的甘露时间及成活率。

实验二十七　低渗和高渗诱导牡蛎三倍体技术

一、实验目的

掌握贝类养殖生产中常规测量方法及繁殖生物学；了解贝类多倍体育种的基本原理和常用方法；掌握三倍体诱导的一般操作技术。

二、实验用具和药品

量杯，烧杯，滴管，计数框，胚胎皿，显微镜，500 目和 260 目筛绢，解剖刀，计时表，载玻片，盖玻片，目微镜，台微尺，离心管（15ml，5mL，1.5ml），离心机，冰壶，冰袋，移液管，附苗器，搅拌器，水温计，直尺，标签纸，一次性塑料手套，纯净水，氯化钠，4′,6-二脒基-2-苯基吲哚（4′,6-diamidino-2-phenylindole，DAPI）。

三、实验材料

性腺成熟的太平洋牡蛎亲贝。

四、实验内容

（一）低渗诱导太平洋牡蛎三倍体育苗技术的研究

1. 抑制第二极体排放产生三倍体

人工诱导雌雄贝产卵、排精，人工授精，镜检。当有 40%～50%出现第一极体时，分别用盐度 30（对照）、18、16、14、12、10、8、6 处理 15min、20min。

1）太平洋牡蛎精、卵的获得及授精

挑选性腺充分成熟的雌雄太平洋牡蛎，解剖镜检辨别雌雄，剥离获取精、卵，然后加入 0.1%～0.3%氨海水浸泡 3～5min。卵子经 500 目筛绢过滤，收集到 1L 容器中。通过搅拌使卵子悬浮，加入适量精液，取样镜检，以每个卵子周围有 5～6 个精子为宜。授精 10min 后洗卵，浓缩到 500ml 烧杯中。

操作过程中需注意避免亲贝雌雄同体，记录卵量、水温、第一极体出现时间。

2）诱导

最佳处理盐度条件探索：当发现受精卵第一极体出现 40%～50%时开始处理，初步设定盐度梯度为 18、16、14、12、10、8、6 和正常盐度 30，处理 15～20min，放回正常海水孵化。记录水温，统计受精率、D 形幼虫率，取 D 形幼虫测诱导三倍体率。本实验重复 2 次，可得最佳处理盐度条件。

3）取样

受精卵发育到 D 形幼虫后收集，流式细胞仪检测倍性。

$$受精率 = (2 细胞期卵量/总卵量) \times 100\%$$

$$D 形幼虫相对孵化率 = [D 形幼虫量/(总卵量 \times 受精率)] \times 100\%$$

2. 抑制第一极体排放产生三倍体

人工诱导雌雄贝产卵、排精，人工授精，镜检。当发现有 1 个受精卵出现第一极体时，用盐度 18、16、14、12、10、8、6 和正常盐度 30 的海水处理 15min、20min。

其他步骤同上。

（二）高渗诱导太平洋牡蛎三倍体育苗技术的研究

1. 抑制第二极体排放产生三倍体

人工诱导雌雄贝产卵、排精，人工授精，镜检。当有 40%～50%出现第一极体时，用盐度 30（对照）、40、45、50、55、60、65、70 的海水处理 15min、20min。

1）太平洋牡蛎精、卵的获得及授精

挑选性腺充分成熟的雌雄长牡蛎，解剖镜检辨别雌雄，剥离获取精、卵，然后加入 0.1%～0.3%氨海水浸泡 3～5min。卵子经 500 目筛绢过滤，收集到 1L 容器中。通过搅拌使卵子悬浮，加入适量精液，取样镜检，以每个卵子周围有 3～5 个精子为宜。授精 10min 后洗卵，浓缩到 500ml 烧杯中。

操作过程中需注意避免亲贝雌雄同体，记录卵量、水温、第一极体出现时间。

2）诱导

最佳处理盐度条件探索：当发现受精卵第一极体出现 40%～50%时开始处理，初步设定盐度梯度为 40、45、50、55、60、65、70 和正常盐度 30，处理 15～20min，放回正常海水孵化。记录水温，统计受精率、D 形幼虫率，取 D 形幼虫测诱导三倍体率。本实验重复 2 次，可得最佳处理盐度条件。

3）取样

受精卵发育到 D 形幼虫后收集，流式细胞仪检测倍性。

$$受精率 = (2 细胞期卵量/总卵量) \times 100\%$$

$$D 形幼虫相对孵化率 = [D 形幼虫量/(总卵量 \times 受精率)] \times 100\%$$

2. 抑制第一极体排放产生三倍体

人工诱导雌雄贝产卵、排精，人工授精，镜检。当发现有 1 个受精卵出现第一极体时，用盐度 40、45、50、55、60、65、70 和正常盐度 30 处理 15min、20min。

其他步骤同上。

五、多倍体诱导率的检测方法

1. 胚胎三倍体率的检测

利用染色分析法、流式细胞仪（图 3-4）测量法、极体计数法、核仁计数法等，可检测胚胎期的三倍体率。

2. 幼虫和成体的倍性检测

幼虫和成体期间一般采用流式细胞仪进行倍性的检测分析。幼虫期可用筛绢直接收集幼虫，幼贝和成贝一般取鳃组织，取得的样品用 DAPI 进行荧光染色后，直接用流式细胞仪分析倍性（图 3-5）。

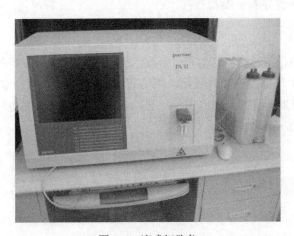

图 3-4　流式细胞仪

六、作业

1. 记录各处理组低渗和高渗处理的起始时间、持续时间。
2. 记录各处理组胚胎的受精率、卵裂率、孵化率、多倍体率，完成研究报告。
3. 分析低渗和高渗诱导多倍体高低的影响因素有哪些，以及其优点分别是什么。
4. 每人交一篇研究性报告，按照正规发表论文格式书写。

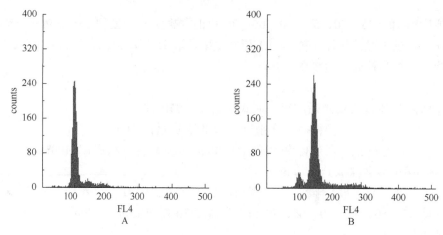

图 3-5　流式细胞仪分析牡蛎二倍体和三倍体图

A. 二倍体；B. 三倍体

实验二十八　药物诱导牡蛎多倍体技术

一、实验目的

（1）掌握贝类养殖生产中常规测量方法及繁殖生物学。

（2）了解贝类多倍体育种的基本原理和常用方法。

（3）掌握三倍体诱导的一般操作技术。

二、实验用具和药品

量杯，烧杯，滴管，计数框，胚胎皿，显微镜，500 目和 260 目筛绢，解剖刀，计时表，载玻片，盖玻片，目微镜，台微尺，离心管（15ml，5ml，1.5ml），离心机，冰壶，冰袋，移液管，附苗器，搅拌器，水温计，直尺，标签纸，一次性塑料手套，二甲基氨基嘌呤（6-DMAP），DAPI。

三、实验材料

性腺成熟的太平洋牡蛎亲贝。

四、实验内容

6-DMAP 诱导太平洋牡蛎三倍体育苗技术的研究方法如下。

1. 抑制第二极体排放产生三倍体

人工诱导雌雄贝产卵、排精，人工授精，镜检。当有 40%～50% 出现第一极体时，用 6-DMAP 浓度为 0mg/L（对照）、50mg/L、55mg/L、60mg/L、65mg/L、70mg/L、75mg/L 的溶液处理 10min、15min、20min。

（1）太平洋牡蛎精、卵的获得及授精：挑选性腺充分成熟的雌雄长牡蛎，解剖镜检辨别雌雄，剥离获取精、卵，然后加入 0.1%～0.3% 氨海水浸泡 3～5min。卵子经 500 目筛绢过滤，收集到 1L 容器中。通过搅拌使卵子悬浮，加入适量精液，取样镜检，以每个卵子周围有 5～6 个精子为宜。授精 10min 后洗卵，浓缩到 500ml 烧杯中。

操作过程中需注意亲贝是否雌雄同体，记录卵量、水温、第一极体出现时间。

（2）诱导：最佳处理盐度条件探索如下。

当发现受精卵第一极体出现 40%～50%时开始处理，初步设定 6-DMAP 浓度梯度为：50mg/L、55mg/L、60mg/L、65mg/L、70mg/L、75mg/L 和对照组浓度 0mg/L，处理 10min、15min、20min，放回正常海水孵化。记录水温，统计受精率、D 形幼虫率，取 D 形幼虫测诱导三倍体率。本实验重复 2 次，可得最佳处理盐度条件。

（3）取样：受精卵发育到 D 形幼虫后收集，流式细胞仪检测倍性。

$$受精率 = (2\ 细胞期卵量/总卵量) \times 100\%$$

$$D\ 形幼虫相对孵化率 = [D\ 形幼虫量/(总卵量 \times 受精率)] \times 100\%$$

2. 抑制第一极体排放产生三倍体

人工诱导雌雄贝产卵、排精，人工授精，镜检。当发现有 1 个受精卵出现第一极体时，用 6-DMAP 浓度 50mg/L、55mg/L、60mg/L、65mg/L、70mg/L、75mg/L 和对照组浓度 0mg/L 溶液，处理 10min、15min、20min。

其他步骤同上。

五、多倍体诱导率的检测方法

1. 胚胎三倍体率的检测

利用染色分析法、流式细胞仪（图 3-4）检测法、极体计数法、核仁计数法等，可检测胚胎期的三倍体率。

2. 幼虫和成体的倍性检测

幼虫和成体期间一般采用流式细胞仪进行倍性的检测分析。幼虫期可用筛绢直接收集幼虫，幼贝和成贝一般取鳃组织，取得的样品用 DAPI 进行荧光染色后，直接用流式细胞仪分析倍性（图 3-5）。

六、作业

1. 记录各处理组药物诱导处理的起始时间、持续时间。
2. 记录各处理组胚胎的受精率、卵裂率、孵化率、多倍体率，完成研究报告。
3. 分析药物诱导多倍体高低的影响因素有哪些。
4. 每人交一篇研究性报告，按照正规发表论文格式书写。

实验二十九 增养殖贝类形态参数测量与数据分析

一、实验目的

掌握贝类形态参数的测量方法及数据分析方法，为贝类分类、育种及养殖生产提供理论依据。

二、实验用具

数显游标卡尺，电子天平（0.01g），计算器或电子计算机等。

三、实验材料

菲律宾蛤仔、魁蚶、脉红螺、海湾扇贝、栉孔扇贝、太平洋牡蛎、皱纹盘鲍、贻贝、栉江珧等新鲜或固定浸泡标本。

四、实验内容

（1）测量：每个种类取 50 只样品测量壳长、壳宽、壳高。
（2）称重：每个种类取 50 只样品称其体重、壳重、肉重。有闭壳肌的称量其闭壳肌重。
（3）数据处理及分析。
（4）描述增养殖贝类的生活类型及特征。
（5）描述贝类体形和体重之间的相互关系。

五、作业

1. 每 2 人为一组选择一个品种，取 50 只样品，确定形态参数，测量、称重并记录，进行数据分析。
2. 完成一篇形态参数的论文报告。

实验三十　海洋双壳贝类滤水率的测定方法研究

一、实验目的

滤水率（filtration rate）是指单位时间滤食性贝类所过滤水的总体积。清滤率（clearance rate）是指单位时间水中食物颗粒完全被滤食的过滤水的体积。只有在滤食贝类对水中悬浮颗粒的保留率为 100% 的前提下，滤水率才等于清滤率。滤水率是贝类的重要生理指标之一。学习贝类滤水率的测定方法，包括实验设计、条件控制、数据处理等，了解环境温度、体重、盐度等对滤水率的影响，来了解双壳贝类的摄食情况，为制订贝类养殖海区的养殖容量打下基础。下面以目前常用的流水槽法和清滤法两种方法测量滤水率。

二、实验材料及用具

1. 实验材料：太平洋牡蛎、海湾扇贝、菲律宾蛤仔。
2. 实验用具：可调温和调速的 100L 的水族箱 2 个，流量计，显微镜，计数板，多功能水质分析仪等。

三、实验内容

（1）流水槽法测定扇贝的滤水率：水位恒定、饵料浓度恒定的大水箱中的水以一定的速度流入放有扇贝的水槽中，通过测定水槽出入水管处水中的饵料浓度来测量清滤率。计算公式如下。

$$CR = F(1-C_2/C_1)$$

式中，CR 为清滤率；F 为水槽中水的流速；C_1 和 C_2 分别为水槽入水管和出水管处水中的饵料浓度。当流速超过某一临界值时，清滤率等于滤水率。

（2）清滤法测定牡蛎的滤水率：将太平洋牡蛎和海水及饵料放在水箱中，每隔一定时间取样测定水中的饵料密度。根据以下公式计算清滤率。

$$CR =(V/nt)\times\ln(C_0/C_t)$$

式中，C_0 和 C_t 分别为时间 0 和 t 时的饵料浓度；V 为水箱体积；n 为用于实验的牡蛎数目。

当贝类对饵料颗粒的保留率为 100% 时，清滤率等于滤水率。

（3）在不同温度（10℃、15℃、20℃、25℃）、不同盐度（20、25、30、35）下测定菲律宾蛤仔的滤水率。

（4）将结果记录下来。

（5）扇贝摄食率：实验结束后，取样、固定、浓缩、定量，观察各种藻密度的变化，计算摄食率。

$$摄食率 = (C_0-C_t)/C_0\times100\%$$

式中，C_0 为藻类的起始密度；C_t 为藻类的结束密度。

（6）扇贝滤除率：每箱内放贝的个数为小贝 4 只，大贝 1 只。实验结束后取样、固定、浓缩、定量，根据始末藻类密度的变化计算滤除率，滤除率（FR）用下式计算。

$$FR = (\ln C_t-\ln C_0)/t\times V/N$$

式中，C_0 为起始时藻类密度；C_t 为结束时藻类密度；t 为实验持续时间；V 为实验水的体积；N 为用于实验的贝的个数。

四、作业

1. 叙述实验过程，计算出海湾扇贝和太平洋牡蛎在 1h 后的滤水率。

2. 写出菲律宾蛤仔在不同盐度和温度下的滤水率。

3. 比较温度、盐度及体重对贝类标准代谢的影响。

主要参考文献

奥谷乔司. 2000. 日本近海产贝类图鉴. 东京: 东海大学出版会.

蔡英亚, 张英, 魏若飞. 1979. 贝类学概论. 上海: 上海科学技术出版社.

池田嘉平, 稻叶明彦. 1979. 日本动物解剖图说. 东京: 森北出版株式会社.

董正之. 1998. 中国动物志—软体动物门 (头足纲). 北京: 科学出版社.

李国华, 程济民, 王秋雨, 等. 1990. 脉红螺 (*Rapana venose*) 神经系统解剖的初步研究. 动物学报, (4): 345-351, 446.

梁羡园. 1959. 鲍鱼的解剖. 生物学通报, 2月号: 62-68.

梁玉波, 张福绥. 2008. 温度、盐度对栉孔扇贝 (*Chlamys farreri*) 胚胎和幼虫的影响. 海洋与湖沼, 39 (4): 334-340.

刘焕良. 2004. 综合教学实习与生产实习. 北京: 中国农业出版社.

刘瑞玉. 2008. 中国海洋生物名录. 北京: 科学出版社.

缪国荣, 王承录. 1990. 海洋经济动植物发生学图集. 青岛: 中国海洋大学出版社.

潘星光. 1954. 蛏子之初步研究与调查报告. 厦门: 厦门大学学士学位论文.

齐钟彦. 1998. 中国经济软体动物. 北京: 中国农业出版社.

王芳, 董双林, 张硕, 等. 2000. 海湾扇贝和太平洋牡蛎的食物选择性及滤除率的实验研究. 海洋与湖沼, 31 (2): 139-144.

王海艳, 张涛, 马培振, 等. 2016. 中国北部湾潮间带现生贝类图鉴. 北京: 科学出版社.

王如才. 1998. 中国水生贝类原色图鉴. 杭州: 浙江科学技术出版社.

王如才, 王昭萍. 2008. 海水贝类养殖学. 青岛: 中国海洋大学出版社.

王如才, 俞开康, 姚善成, 等. 2001. 海水养殖技术手册. 上海: 上海科学技术出版社.

王一农. 2012. 贝类生物学实验指导. 北京: 科学出版社.

于瑞海, 王昭萍. 2016. 我国海产经济贝类苗种生产技术. 青岛: 中国海洋大学出版社.

于瑞海, 王昭萍, 孔令锋, 等. 2006. 不同发育期的太平洋牡蛎在不同干露状态下的成活率研究. 中国海洋大学学报, 36 (4): 617-620.

于瑞海, 王昭萍, 王如才, 等. 2009. 贝类增养殖学实验与实习技术. 青岛: 中国海洋大学出版社.

张继红, 方建光. 2005. 海洋双壳贝类滤水率测定方法概述. 海洋水产研究, 26 (1): 86-93.

张素萍. 2008. 中国海洋贝类图鉴. 北京: 海洋出版社.

张玺, 齐钟彦. 1961. 贝类学纲要. 北京: 科学出版社.

张彦衡. 1958. 乌贼的解剖. 山东大学学报 (自然科学), (1): 119-161.

郑小东, 曲学存, 曾晓起, 等. 2013. 中国水生贝类图谱. 青岛: 青岛出版社.

周一兵, 曹善茂. 2004. 动物学实验. 北京: 中国农业出版社.

附　　录

贝类分类地位表

毛皮贝纲
　　毛皮贝目
　　　　毛皮贝科
　　　　　　毛皮贝属
新月贝纲
　　腔棘目
　　　　上月贝科
　　　　　　上月贝属
多板纲
　　新有甲目
　　　　鳞侧石鳖亚目
　　　　　鳞侧石鳖科
　　　　　　　鳞侧石鳖属
　　　　　汉利石鳖科
　　　　　　汉利石鳖属
　　　　锉石鳖亚目
　　　　　锉石鳖科
　　　　　　锉石鳖属
　　　　　　鳞带石鳖属
　　　　　　窄板石鳖属
　　　　　美丽石鳖科
　　　　　　美丽石鳖属
　　　　　石鳖科
　　　　　　石鳖属
　　　　　　花棘石鳖属
　　　　　　秀丽石鳖属
　　　　　　锦石鳖属
　　　　　　玉带石鳖属
　　　　　盔石鳖科
　　　　　　果石鳖属
　　　　　　盔石鳖属
　　　　　尾裂石鳖科
　　　　　　甲石鳖属
　　　　　鬃毛石鳖科
　　　　　　鬃毛石鳖属
　　　　　　宽板石鳖属
　　　　　　扁石鳖属

毛肤石鳖亚目
　　毛肤石鳖科
　　　　毛肤石鳖属
　　　　背板石鳖属
　　　　隐板石鳖属
　　　　银边石鳖属
掘足纲
　　角贝目
　　　角贝科
　　　　角贝属
　　　　拟角贝属
　　　　四尖角贝属
　　　　缝角贝属
　　　　沟角贝属
　　　　肋角贝属
　　　　安塔角贝属
　　　　扁角贝属
　　　　绣花角贝属
　　　丽角贝科
　　　　丽角贝属
　　　狭缝角贝科
　　　　狭缝角贝属
　　　金雕角贝科
　　　　金雕角贝属
　　　滑角贝科
　　　　滑角贝属
　　　顶管角贝科
　　　　顶管角贝属
　　　环角贝属
　　　光角贝科
　　　　光角贝属
　　梭角贝目
　　　内角贝科
　　　　拟内角贝属
　　　　内角贝属
　　　　大内角贝属
　　　梭角贝科

梭角贝属　　　　　　　　　　　钟螺属
管角贝属　　　　　　　　　　　里钟螺属
多缝角贝属　　　　　　　　　　土耳其螺属
二裂角贝属　　　　　　　　　　攀氏螺属
　科未定　　　　　　　　　　　　枝螺属
　　缩齿角贝属　　　　　　　　　驼峰螺属
腹足纲　　　　　　　　　　　　　衣尼螺属
　原始腹足目　　　　　　　　　　蛝螺属
　　翁戎螺科　　　　　　　　　　项链螺属
　　　翁戎螺属　　　　　　　　　异轮螺属
　　　龙宫翁戎螺属　　　　　　　小阳螺属
　　缝螺科　　　　　　　　　　　小铃螺属
　　　鸭肩螺属　　　　　　　　　短剑螺属
　　鲍科　　　　　　　　　　丽口螺科
　　　鲍属　　　　　　　　　　丽口螺属
　　钥孔蝛科　　　　　　　　　丽高螺属
　　　凹缘蝛属　　　　　　　口螺科
　　　孔蝛属　　　　　　　　　口螺属
　　　加蝛属　　　　　　　　　滑石螺属
　　　楯蝛属　　　　　　　　　广口螺属
　　　隙蝛属　　　　　　　圆孔螺科
　　　天窗蝛属　　　　　　　圆盘螺属
　　帽贝科　　　　　　　　　　胀脉螺属
　　　帽贝属　　　　　　　　　环星螺属
　　花帽贝科　　　　　　　　　光热带螺属
　　　嫁蝛属　　　　　　　　　方格螺属
　　笠贝科　　　　　　　　篷螺科
　　　笠贝属　　　　　　　　　入节螺属
　　　小节贝属　　　　　　　　丽娑螺属
　　　背尖贝属　　　　　　　　小洁螺属
　　　拟帽贝属　　　　　　　　张口螺属
　　　栉齿属　　　　　　　海豚螺科
　　马蹄螺科　　　　　　　　海豚螺属
　　　马蹄螺属　　　　　　蟺螺科
　　　扭柱螺属　　　　　　　蟺螺属
　　　隐螺属　　　　　　　　小月螺属
　　　光隐螺属　　　　　　　平廧螺属
　　　真蹄螺属　　　　　　　鳞窗螺属
　　　多子螺属　　　　　　　缩口螺属
　　　单齿螺属　　　　　　　星螺属
　　　甲螺属　　　　　　　　盔星螺属
　　　金口螺属　　　　　　　刺螺属
　　　凹螺属　　　　　　雉螺科

离螺属　　　　　　　　　　　葡萄贝属
愚螺属　　　　　　　　　　　眼球贝属
发脊螺属　　　　　　　　　　货贝属
帆螺科　　　　　　　　　　　希达贝属
　靴螺属　　　　　　　　　　拟枣贝属
　管帽螺属　　　　　　　　　背焦贝属
　帆螺属　　　　　　　　　　焦掌贝属
衣笠螺科　　　　　　　　　　呆足贝属
　衣笠螺属　　　　　　　　　筛目贝属
凤螺科　　　　　　　　　　　禄亚贝属
　笛螺属　　　　　　　　　　龟甲贝属
　沟螺属　　　　　　　　　　鼹贝属
　凤螺属　　　　　　　　　　绶贝属
　蜘蛛螺属　　　　　　　　　宝贝属
钻螺科　　　　　　　　　梭螺科
　钻螺属　　　　　　　　　　拟宝贝属
明螺科　　　　　　　　　　　龟梭螺属
　明螺属　　　　　　　　　　锯梭螺属
　尖明螺属　　　　　　　　　缘梭螺属
　原明螺属　　　　　　　　　圆梭螺属
龙骨螺科　　　　　　　　　　拟鼻螺属
　龙骨螺属　　　　　　　　　桑梭螺属
　翼体螺属　　　　　　　　　宽口梭螺属
翼管螺科　　　　　　　　　　原梭螺属
　翼管螺属　　　　　　　　　凹梭螺属
　拟翼管螺属　　　　　　　　矛梭螺属
玉螺科　　　　　　　　　　　鞋螺属
　玉螺属　　　　　　　　　　翁螺属
　小玉螺属　　　　　　　　　卵梭螺属
　斑点玉螺属　　　　　　　　前凹螺属
　隐玉螺属　　　　　　　　　凹螺属
　真玉螺属　　　　　　　　　枪梭螺属
　光玉螺属　　　　　　　　　小舟梭螺属
　窦螺属　　　　　　　　　　履螺属
　镰玉螺属　　　　　　　　　骗梭螺属
　扁玉螺属　　　　　　　　　钝梭螺属
　乳玉螺属　　　　　　　爱神螺科
片螺科　　　　　　　　　　　原爱神螺属
　片螺属　　　　　　　　　　金星爱神螺属
　鹅绒螺属　　　　　　　猎女神螺科
宝贝科　　　　　　　　　　　雪螺属
　疹贝属　　　　　　　　　　喙猎女神螺属
　保罗贝属　　　　　　　　　泡螺属

小核果螺属

爱尔螺属

比德螺属

狸螺属

小斑螺属

拟核果螺属

格螺属

奥兰螺属

珊瑚螺科

肩棘螺属

塔肩棘螺属

肋肩棘螺属

珊瑚螺属

花仙螺属

芜菁螺属

延管螺属

类鸠螺科

类鸠螺属

光纺锤螺属

犬齿螺科

犬齿螺属

非螺属

核螺科

埃苏螺属

安螺属

牙螺属

麦螺属

小笔螺属

核螺属

小核螺属

杂螺属

拟杂螺属

蛾螺科

东风螺属

亮螺属

海因螺属

甲虫螺属

平肩螺属

唇齿螺属

鱼篮螺属

土产螺属

线蛾螺属

涡蜀螺属

香螺属

管蛾螺属

蛾螺属

蛇首螺科

蛇首螺属

前锥螺属

盔螺科

角螺属

棕螺属

织纹螺科

织纹螺属

神山螺属

榧螺科

榧螺属

小榧螺属

侍女螺属

笔螺科

笔螺亚科

笔螺属

格纹笔螺属

多普笔螺属

次格纹笔螺属

梓贝笔螺属

新格纹笔螺属

粗糙笔螺属

复瓦笔螺属

花生螺属

肋脊笔螺科

肋笔螺属

菖蒲螺属

小菖蒲螺属

肋纹螺属

细带螺科

细肋螺属

鸽螺属

山鼊豆螺属

银山鼊豆螺属

纺锤螺属

皮氏纺锤螺属

颗粒纺锤螺属

竖琴螺科

竖琴螺属

桑椹螺属

涡螺科
　瓜螺属
　电光螺属
　舟涡螺属
　涡螺属
　柔螺属
衲螺科
　纵轴螺属
　衲螺属
　三角口螺属
　日本衲螺属
　轴螺属
缘螺科
　缘螺属
　类卷螺属
塔螺科
　塔螺亚科
　　蕾螺属
　　乐飞螺属
　　塔螺属
　棒螺亚科
　　牧山螺属
　　拟塔螺属
　旋塔螺亚科
　　反伴螺属
　　旋塔螺属
　　伴螺属
　　亮白螺属
　　马绍儿螺属
　　尼奥螺属
　　假鲍氏塔螺属
　厚肋塔螺亚科
　　厚重螺属
　　瘤微螺属
　　细肋螺属
　　区系螺属
　　裁判螺属
　　异管螺属
　　摺塔螺属
　　核塔螺属
　　维斯螺属
　　短口螺属

长吻螺属
鹤嘴螺属
滑束塔螺亚科
　华管螺属
格纹螺亚科
　线管螺属
　小腹螺属
　侧割螺属
棒塔螺亚科
　棒螺属
　芽螺属
　胞螺属
　棒塔螺属
　北方棒螺属
　钟螺属
　瘤螺属
　密肋螺属
　微瘤螺属
鲍氏塔螺亚科
　米塔螺属
　芋塔螺属
　轴缺螺属
　井肋鲍螺属
　马鲍螺属
　欧曼螺属
芒果螺亚科
　窄口螺属
　纵肋螺属
　腱塔螺属
　小拱螺属
　拟腹螺属
　长脊螺属
　布纹螺属
　纵肋螺属
　宽口纵肋螺属
桂冠塔螺亚科
　桂螺属
　桂冠螺属
　羊肋螺属
　糙桂螺属
　刺桂螺属
　微桂螺属
　拟桂螺属

棋盘螺属

肋桂螺属

盘肋螺属

蜂巢螺属

獭螺属

菲螺属

勇螺属

扭曲螺属

尖肋螺属

格纹棒螺属

芋螺科

芋螺属

笋螺科

笋螺属

矛螺属

双层螺属

肠扭目

小塔螺科

卷球螺属

捻塔螺属

同叙鲁螺属

叙鲁螺属

齿口螺属

红泽螺属

金螺属

拟金螺属

矛形螺属

腰带螺属

小塔螺属

猫耳螺属

方尖塔螺属

锥形螺属

愚螺科

愚螺属

头楯目

捻螺科

蛹螺属

捻螺属

斑捻螺属

红纹螺属

炼螺属

泡螺科

泡螺属

饰纹螺属

露齿螺科

露齿螺属

伪露齿螺属

枣螺科

枣螺属

阿地螺科

阿地螺属

杯阿地螺属

阿里螺属

泥阿地螺属

日本阿地螺属

隐肺螺属

丽罗螺属

漩阿地螺属

丽葡萄螺属

泥螺属

月华螺属

筒柱螺科

筒柱螺属

无角螺科

无角螺属

囊螺科

囊螺属

尖卷螺属

梨螺属

内卷螺属

拟卷螺属

三叉螺科

日本泊螺属

无塔螺属

柱核螺属

原盒螺属

球舌螺属

盒螺属

圆卷螺科

圆卷螺属

拟捻螺科

拟捻螺属

饰孔螺属

壳蛞蝓科

壳蛞蝓属

赫壳蛞蝓属

颗粒海牛属

隅海牛科
　隅海牛属
　小脊海牛属
　脊突海牛属
　禾庆海牛属
　镰海牛属

背叶鳃科
　三叶鳃属

奥卡海牛科
　奥卡海牛属

叉棘海牛科
　叉棘海牛属

仿海牛科
　仿海牛属

多彩海牛科
　舌尾海牛属
　多彩海牛属
　法官海牛属
　突尾海牛属
　心海牛属
　多形海牛属
　高海牛属
　维尔海牛属
　雷海牛属
　绿海牛属
　角海牛属

盘海牛科
　盘海牛属
　轮海牛属
　盾海牛属

车轮海牛科
　车轮海牛属

石磺海牛科
　石磺海牛属

卡海牛科
　卡海牛属

刺海牛科
　刺海牛属
　围鳃海牛属

首海牛科
　球片海牛属
　邻海牛属

扁海牛科
　扁海牛属

星背海牛科
　星背海牛属
　瘤背海牛属
　硬皮海牛属

枝鳃海牛科
　枝鳃海牛属

叶海牛科
　叶海牛属

片鳃科
　片鳃属
　皮片鳃属
　半侧片鳃属

杜五海牛科
　杜五海牛属
　马勇海牛属
　拟三歧海牛属

二列鳃科
　二列鳃属

枝背海牛科
　枝背海牛属

四枝海牛科
　四枝海牛属
　背苔鳃属

斗斗鳃科
　斗斗鳃属

缨幕科
　巨幕属

真鳃科
　真鳃属

马蹄鳃科
　卡蓑海牛属
　马蹄鳃属
　库蓑海牛属
　盔栓鳃属
　饰蓑海牛属
　皮蓑海牛属

突翼鳃科
　突翼鳃属

蓑海牛科
　赤蓑海牛属
　多蓑海牛属

帽蚶属

蚶蜊科

蚶蜊属

绒蚶蜊属

圆扇蚶蜊属

墨蚶蜊属

拟挫蛤总科

拟挫蛤科

拟挫蛤属

刻点拟挫蛤属

格拟挫蛤属

贻贝目

贻贝总科

贻贝科

贻贝亚科

贻贝属

股贻贝属

毛贻贝属

隔贻贝属

索贻贝属

纹贻贝属

细齿蛤亚科

短齿蛤属

肌蛤属

拟锯齿蛤属

安乐贝属

弧蛤属

绒贻贝属

毛肌蛤属

石蛏亚科

石蛏属

偏顶蛤亚科

偏顶蛤属

艾达蛤属

杏蛤属

肠蛤属

荞麦蛤属

扭贻贝属

江珧总科

江珧科

江珧属

裂江珧属

扭江珧属

珍珠贝目

珍珠贝亚目

珍珠贝总科

珍珠贝科

珠母贝属

珍珠贝属

电光贝属

翼电光贝属

钳蛤科

钳蛤属

锯齿蛤属

丁蛎科

单韧穴蛤属

丁蛎属

扇贝总科

拟日月贝科

拟日月贝属

小拟日月贝属

扇贝科

日月贝亚科

日月贝属

栉孔扇贝亚科

栉孔扇贝属

奇异扇贝属

珊瑚扇贝属

类栉孔扇贝属

薄齿扇贝属

荣栉孔扇贝属

环扇贝属

纹肋扇贝属

蛇斑扇贝属

隐扇贝属

拟套扇贝属

荣套扇贝属

踵扇贝属

明扇贝属

优扇贝属

海湾扇贝属

掌扇贝属

环游扇贝亚科

乐乐扇贝属

扇贝亚科

扇贝属

锯齿扇贝属

盘形扇贝亚科

盘扇贝属

海菊蛤科

海菊蛤属

襞蛤科

襞蛤属

刺襞蛤属

不等蛤总科

不等蛤科

不等蛤属

难解不等蛤属

单筋蛤属

海月蛤科

海月蛤属

双肌蛤科

锉蛤总科

锉蛤科

锉蛤属

大锉蛤属

栉锉蛤属

雪锉蛤属

等锉蛤属

平锉蛤属

牡蛎总科

硬牡蛎科

新硬牡蛎属

舌骨牡蛎属

拟舌骨牡蛎属

牡蛎科

巨牡蛎亚科

爪蛎属

巨牡蛎属

囊牡蛎属

牡蛎亚科

牡蛎属

掌牡蛎属

侏儒牡蛎属

脊牡蛎亚科

脊牡蛎属

齿缘牡蛎属

褶牡蛎属

金蛤牡蛎属

异齿亚纲

帘蛤目

满月蛤总科

满月蛤科

满月蛤亚科

满月蛤属

厚大蛤属

小厚大蛤属

心满月蛤属

毛满月蛤属

织纹蛤属

神女蛤亚科

扁满月蛤属

角神女蛤属

薄满月蛤属

无齿蛤亚科

无齿蛤属

板纹蛤属

索足蛤科

索足蛤属

银边蛤科

银边蛤属

蹄蛤科

圆蛤属

小猫眼蛤属

双齿蛤属

幼形蛤总科

爱神蛤科

拉沙蛤属

凯利蛤属

共生蛤属

黄蛤属

孟达蛤科

孟达蛤属

孟那蛤属

小鼠蛤属

人字蛤属

舟蛤属

约氏蛤属

拟斧蛤属

花瓣蛤属

鼬眼蛤科

拟鼬眼蛤属

鼬眼蛤属

弱齿蛤属

红蛤属

火红蛤属

德文蛤属

嵌线蛤总科

　小篮蛤科

　异齿蛤属

嵌线蛤科

　嵌线蛤属

　嵌线鸟蛤属

　等壳蛤属

猿头蛤总科

　猿头蛤科

　猿头蛤属

　拟猿头蛤属

　变顶猿头蛤属

厚壳蛤总科

　厚壳蛤科

　厚壳蛤亚科

　厚壳蛤属

　坚壳蛤属

　壮壳蛤属

　曲背蛤亚科

　曲背蛤属

心蛤总科

　心蛤科

　心蛤亚科

　心蛤属

　粗衣蛤属

　拟心蛤亚科

　小心蛤属

　胀心蛤属

　帘壳心蛤亚科

　帘心蛤属

鸟蛤总科

　鸟蛤科

　鸟蛤亚科

　卵鸟蛤属

　刺鸟蛤属

　糙鸟蛤亚科

　糙鸟蛤属

　脊鸟蛤亚科

脊鸟蛤属

小脊鸟蛤属

栉鸟蛤属

非洲鸟蛤属

陷月鸟蛤属

心鸟蛤属

原鸟蛤亚科

饰纹鸟蛤属

双纹鸟蛤属

棘鸟蛤属

小鸟蛤属

半纹鸟蛤属

斜纹鸟蛤属

异纹鸟蛤属

滑鸟蛤亚科

滑鸟蛤属

薄壳鸟蛤属

扁鸟蛤亚科

扁鸟蛤属

砗磲总科

砗磲科

砗石豪属

砗磲属

蛤蜊总科

蛤蜊科

蛤蜊亚科

蛤蜊属

腔蛤蜊属

光蛤蜊属

截形蜊属

小蛤蜊属

尖蛤蜊属

獭蛤亚科

獭蛤属

异心蛤属

立蛤属

脊蛤蜊属

勒特蛤属

波纹蛤属

中带蛤科

中带蛤亚科

坚石蛤属

斧形中带蛤属

扁平蛤亚科
　扁平蛤属
　息蛤属
欧文蛤亚科
　朽叶蛤属
　纺锤蛤属
　糙中带蛤属
小鸭嘴蛤科
　小鸭嘴蛤属
拟心蛤科
　拟心蛤属
樱蛤总科
　斧蛤科
　　斧蛤属
　樱蛤科
　　樱蛤亚科
　　　小樱蛤属
　　　小王蛤属
　　　仿樱蛤属
　　　角蛤属
　　　樱角蛤属
　　　大樱蛤属
　　　叶樱蛤属
　　　暗弧蛤属
　　　方格樱蛤属
　　　美丽蛤属
　　　皱纹樱蛤属
　　　盾弧樱蛤属
　　　环樱蛤属
　　　蚶叶蛤属
　　　楔樱蛤属
　　　方樱蛤属
　　　胖樱蛤属
　　　企望樱蛤属
　　　神角蛤属
　　　明樱蛤属
　　　深海樱蛤属
　　　亮樱蛤属
　　细纹樱蛤亚科
　　　细纹樱蛤属
　　白樱蛤亚科
　　　白樱蛤属
　　　枕蛤属

异纹樱蛤属
截形白樱蛤属
巧蛤属
智兔蛤属
马甲蛤属
异白樱蛤属
蝲樱蛤属
腹蛤属
泊来蛤属
甲克蛤属
斜纹蛤属
双带蛤科
　双带蛤属
　蒙措蛤属
　飓风蛤属
　小海螂属
　团结蛤属
　阿布蛤属
　理蛤属
　内肋蛤属
紫云蛤科
　紫云蛤属
　沙栖蛤属
　蒴蛤属
　异纹蛤属
　紫蛤属
　樱紫蛤属
　圆滨蛤属
截蛏科
　截蛏属
　仿缢蛏属
　缢蛏属
竹蛏总科
　竹蛏科
　　竹蛏属
　刀蛏科
　　刀蛏属
　　荚蛏属
　　灯塔蛤属
饰贝总科
　饰贝科
　　仿贻贝属
　　恋蛤属

熊蛤总科
　小凯利蛤科
　　阿文蛤属
　棱蛤科
　　棱蛤属
　　舌心蛤属
　　珊瑚蛤属
同心蛤总科
　同心蛤科
　　同心蛤属
　囊螂科
　　伴溢蛤属
蚬总科
　蚬科
　　硬壳蚬属
　　仙女蚬属
　　花蚬属
帘蛤总科
　帘蛤科
　　帘蛤亚科
　　　球帘蛤属
　　　帘蛤属
　　　对角蛤属
　　　皱纹蛤属
　　　硬壳蛤属
　　雪蛤亚科
　　　杓拿蛤属
　　　畸心蛤属
　　　帝汶蛤属
　　　雪蛤属
　　　布目蛤属
　　美女蛤亚科
　　　美女蛤属
　　　光美女蛤属
　　　齿美女蛤属
　　　加夫蛤属
　　卵蛤亚科
　　　卵蛤属
　　　条纹卵蛤属
　　　凸卵蛤属
　　光壳蛤亚科
　　　光壳蛤属
　　榆果蛤亚科

　　　榆果蛤属
　　镜蛤亚科
　　　镜蛤属
　　缀锦蛤亚科
　　　缀锦蛤属
　　　蛤仔属
　　　巴非蛤属
　　　格特蛤属
　　　浅蛤属
　　　翘鳞蛤属
　　仙女蛤亚科
　　　仙女蛤属
　　　石房蛤属
　　楔形蛤亚科
　　　环楔形蛤属
　　　小楔形蛤属
　　文蛤亚科
　　　文蛤属
　　青蛤亚科
　　　青蛤属
　　和平蛤亚科
　　　和平蛤属
　住石蛤科
　　住石蛤属
　　异纹住石蛤属
　　闭壳蛤属
　　芜青蛤属
　　密西蛤属
　杵蛤科
　　杵蛤属
绿螂总科
　绿螂科
　　绿螂属
海螂目
　海螂总科
　海螂科
　　海螂属
　　隐海螂属
　　脉海螂属
　　拟海螂属
　　球海螂属
　　仿球海螂属
　　楔海螂属

篮蛤科
　篮蛤亚科
　　篮蛤属
　　异篮蛤属
　　硬篮蛤属
　　变异篮蛤属
　　小篮蛤属
　河篮蛤亚科
　　河篮蛤属
缝栖蛤总科
　缝栖蛤科
　　缝栖蛤属
开腹蛤总科
　开腹蛤科
　　开腹蛤属
　　管开腹蛤属
　　缢开腹蛤属
海笋总科
　海笋科
　　海笋亚科
　　　海笋属
　　　全海笋属
　　　沟海笋属
　　马特海笋亚科
　　　拟海笋属
　　　马特海笋属
　　　宽柱海笋属
　　　盾海笋属
　　铃海笋亚科
　　　铃海笋属
　　凿木蛤亚科
　　　新凿木蛤属
　　　后凿木蛤属
船蛆科
　船蛆亚科
　　船蛆属
　　双管船蛆属
　　杯船蛆属
　　双杯船蛆属
　　滑船蛆属
　　仿船蛆属
　　腔船蛆属
　　澳洲船蛆属

底船蛆属
贪婪背船蛆属
古琴船蛆属
扎奇船蛆属
节铠船蛆亚科
节铠船蛆属
滩栖船蛆亚科
滩栖船蛆属
异韧带亚纲
笋螂目
　笋螂总科
　　笋螂科
　　　笋螂属
　帮斗蛤总科
　　里昂司蛤科
　　　里昂司蛤属
　　　奇纹蛤属
　　　长带蛤属
　　　中华里昂司蛤属
　　帮斗蛤科
　　　帮斗蛤属
　　螂猿头蛤科
　　　螂斗蛤属
　　短吻蛤科
　　　短吻蛤属
　　　匙形蛤属
　　鸭嘴蛤科
　　　鸭嘴蛤属
　　色雷西蛤科
　　　色雷西蛤属
　　　杯齿蛤属
　　　蝶铰蛤属
　　　户枢蛤属
　　　厚色雷西蛤属
　筒蛎总科
　　筒蛎科
　　　盘筒蛎属
　孔螂总科
　　旋心蛤科
　　　旋心蛤属
　　　海旋心蛤属
　　　蓑衣蛤属
　　　短蓑衣蛤属

光旋心蛤属
孔螂科
　孔螂属
　怪蛤属
杓蛤科
　杓蛤属
　拟杓蛤属
　螂杓蛤属
　帚形蛤属
头足纲
　鹦鹉螺亚纲
　　鹦鹉螺目
　　　鹦鹉螺科
　　　　鹦鹉螺属
　鞘亚纲
　　枪形目
　　　开眼亚目
　　　　武装乌贼科
　　　　　钩腕乌贼属
　　　　　拟钩腕乌贼属
　　　　皮罗乌贼科
　　　　　翼乌贼属
　　　　　皮罗乌贼属
　　　　蛸乌贼科
　　　　　蛸乌贼属
　　　　穴乌贼科
　　　　　穴乌贼属
　　　　栉鳍乌贼科
　　　　　栉鳍乌贼属
　　　　深海乌贼科
　　　　　深海乌贼属
　　　　爪乌贼科
　　　　　桑椹乌贼属
　　　　　斑乌贼属
　　　　　爪乌贼属
　　　　帆乌贼科
　　　　　帆乌贼属
　　　　菱鳍乌贼科
　　　　　菱鳍乌贼属
　　　　柔鱼科
　　　　　柔鱼属
　　　　　荣乌贼属
　　　　　玻璃乌贼属

双柔鱼属
飞乌贼属
强力乌贼属
褶柔鱼属
鞭乌贼科
　鞭乌贼属
盘乌贼科
　盘乌贼属
　圆盘乌贼属
手乌贼科
　手乌贼属
小头乌贼科
　小头乌贼属
　巨小头乌贼属
　塔乌贼属
　孔雀乌贼属
　履乌贼属
　纺锤乌贼属
臂乌贼科
　臂乌贼属
闭眼亚目
　枪乌贼科
　　尾枪乌贼属
　　拟枪乌贼属
　　拟乌贼属
乌贼目
　乌贼科
　　乌贼属
　　无针乌贼属
　　后乌贼属
　耳乌贼科
　　耳乌贼属
　　暗耳乌贼属
　　四盘耳乌贼属
　　澳红耳乌贼属
　　异耳乌贼属
　　新红耳乌贼属
　　使陶耳乌贼属
　　后耳乌贼属
　微鳍乌贼科
　　微鳍乌贼属
八腕目
　有须亚目

面蛸科
　面蛸属
十字蛸科
　烟灰蛸乌贼属
　十字蛸属
无须亚目
船蛸科
　船蛸属
异夫蛸科
　哈里蛸属
快蛸科
　快蛸属
水孔蛸科

　水孔蛸属
单盘蛸科
　乍波蛸属
　依利蛸属
水母蛸科
　水母蛸属
玻璃蛸科
　玻璃蛸属
蛸科
　软蛸属
　小孔蛸属
　蛸属